ullstein

Das Buch

Seitdem ihr Mann sie in ein Rundlingsdorf im Wendland geschleppt hat, ist *stern*-Autorin Irmgard Hochreither infiziert. Diagnose: Landlust-Virus. Bis dahin war sie ein überzeugter Stadtmensch: Sie kaufte ihr Basilikum im Supermarkt und war glücklich, ihre Wochenenden in der Hamburger City verbringen zu dürfen. Wenn Freunde dazu einluden, sie endlich einmal in deren ländlichen Refugien zu besuchen, keimte in ihr sofort der Verdacht: Die langweilen sich doch zu Tode ... Doch heute sehnt Irmgard Hochreither die Wochenenden und freien Tage herbei, um Kräuter, Gemüse und Rosen gegen Nackt-schnecken und Wühlmäuse zu verteidigen. Langeweile? Ein absurder Gedanke! Ein Buch über kleine Fluchten in eine überschaubare Welt – und über das Doppelleben einer Stadtneurotikerin, die zum Teilzeit-Landei mit Teilzeit-Hund mutiert ist.

Die Autorin

Irmgard Hochreither lebt seit vielen Jahren in Hamburg und arbeitet als Autorin beim *stern*. Ihre Wochenenden verbringt die Journalistin in einem gemieteten Bauern-haus im Wendland und berichtete darüber auch in ihrem Blog »Stadt.Land.Lust« auf stern.de.

IRMGARD HOCHREITHER

Schöner Mist

MEIN LEBEN ALS LANDEI

Ullstein

Besuchen Sie uns im Internet:
www.ullstein-taschenbuch.de

Originalausgabe im Ullstein Taschenbuch
1. Auflage Februar 2011
© Ullstein Buchverlage GmbH, Berlin 2011
Umschlaggestaltung: HildenDesign, München
Titelabbildung: Frau: © Denis Felix / Stone / Getty Images;
Huhn: © Fashayan Evgenia / shutterstock;
Vögel: © 13spoon / iStockphoto
Satz: LVD GmbH, Berlin
Gesetzt aus der Sabon
Papier: Pamo Super von Arctic Paper Mochenwangen GmbH
Druck und Bindearbeiten: CPI – Ebner & Spiegel, Ulm
Printed in Germany
ISBN 978-3-548-37373-7

Für den Mann an meiner Seite

Inhalt

Vorwort

Irgendwer ist immer schuld daran, wenn im Leben plötzlich Dinge passieren, für die es keine rationale Erklärung gibt. In meinem Fall trägt eindeutig der Mann an meiner Seite die Verantwortung. Seit er mich in ein Rundlingsdorf im Wendland geschleppt hat, bin ich infiziert. Diagnose: Landlust-Virus. Dabei wollte ich nie aufs Land. Ich habe nie von einem Bauernhaus mit angrenzendem Gemüsegarten geträumt. Im Gegenteil: Ich war eine hochzufriedene, glückliche Metropolenbewohnerin. Die längste Zeit meines bisherigen Lebens verbrachte ich in Großstädten. In der festen Überzeugung, nicht ohne belebte Straßenschluchten mit Kinos, Geschäften und Restaurants existieren zu können. Ich liebte unsere Wohnung im Herzen der Hamburger City, unsere mit strapazierfähigen Buchsbaumkugeln begrünte Dachterrasse und die Gewissheit, dass ich nur einmal um die Ecke gehen muss, um von A wie Apfeltaschen bis Z wie Zitronengras alles besorgen zu können. Und jede Art von Zerstreuung zu finden. Wenn Freunde uns mit Einladungen quälten, sie endlich mal in ihren ländlichen Refugien zu besuchen, keimte in mir sofort der Verdacht: Die langweilen sich zu Tode da draußen in der Provinz.

Heute sehne ich die Wochenenden und freien Tage

herbei, um Kräuter, Gemüse und Rosen gegen Giersch, Nacktschnecken und Wühlmäuse zu verteidigen. Langeweile? Ein absurder Gedanke. Ich führe das aufregende Doppelleben einer Stadtneurotikerin, die zum Teilzeit-Landei mit Teilzeit-Hund mutiert ist.

Dabei war ich alles andere als ein Naturtalent im Umgang mit Grünzeug, besaß kaum Grundkenntnisse über Aufzucht und Pflege von Zier- und Nutzpflanzen. Und richtete selbst das anspruchsloseste Usambaraveilchen in Windeseile zugrunde. Aber darum geht es gar nicht.

Dieses Buch beschreibt eine Liebesbeziehung. Eine quasi über Nacht entflammte Passion. Und es handelt von der Irrationalität der Gefühle. Glaubt man doch häufig, sich nur in große Blonde verlieben zu können, um plötzlich festzustellen, dass man einen kleinen Schwarzhaarigen unwiderstehlich findet.

Polkefitz, das Dörfchen im Wendland, wurde zu meiner unerwarteten großen Liebe. Mag sein, dass es mir nur möglich war, dem natürlichen Charme dieses Landstrichs und seiner Bewohner zu verfallen, weil ich die Wahl hatte. Denn die magische Formel lautet: Ich will, aber ich muss nicht. Ich bin ein Teilzeit-Lover, ohne diesen Aufimmerundewig-Anspruch. Ich bin dankbar für ein paar schöne, möglichst stressfreie Schäferstündchen. Und für den Luxus, mich nicht entscheiden zu müssen zwischen der städtischen und der ländlichen Lebensform. Ist wohl das beste Rezept, um die Sehnsucht zu schüren. Auf immer und ewig.

Das Wendland ist ein ganz besonderes Fleckchen Erde. Vor dem Mauerfall lag es am Ende der Welt. Zonenrandgebiet. Eine menschenarme, strukturschwache Gegend, in der sich sprichwörtlich Fuchs und Hase gute

Nacht sagen. Über Jahrzehnte war das so und hat verhindert, dass Modernisierungs- und Sanierungswütige den Weg in die Rundlingsdörfer fanden. Von den Flurbereinigern ganz zu schweigen. Dass ausgerechnet hier der Müll aus den Atomkraftwerken gelagert werden soll, kann nur als politischer Zynismus gewertet werden. Doch die Politbosse hatten die Rechnung ohne die wendländischen Dickschädel gemacht. Die Mehrheit der auf 400 Dörfer und wenige Städtchen verteilten Einwohner entwickelte sich zu Sympathisanten oder Aktivisten der Protestbewegung. Bis heute ist die Losung »Wir stellen uns quer« der kleinste gemeinsame Nenner und die stärkste Kraft, die alle hier zu einer widerborstigen, kreativen Bürgerwehr zusammenschweißt. Von den Geschäftsleuten über die Bauern bis zu den Künstlern und Kräuterhexen. Auch in unserem Dorf hängt das gelbe X als Zeichen des Widerstands an fast jedem Hoftor. Der Kampf geht weiter.

Man wird Polkefitz vergeblich auf der Landkarte suchen. Aber es existiert – und es steht für den liebenswerten, dickschädeligen Spirit im Wendland.

Was ein Dorf ausmacht, sind seine Bewohner. Unsere Nachbarn, die zu Freunden wurden. Ich danke allen Polkefitzern. Für die Neugier, die Schrulligkeit, die unaufgeregte Herzlichkeit, mit der sie uns in ihre Gemeinschaft aufgenommen haben. Wer in diesem Buch Ähnlichkeiten mit lebenden Personen entdeckt – Zufall! Nicht der Einzelne ist gemeint, sondern der Mikrokosmos einer lebendigen dörflichen Gemeinschaft.

Land in Sicht

Es ist Februar. Ein schneidender Wind sorgt dafür, dass sich die Regentropfen auf der Haut wie Nadelstiche anfühlen. »A bientôt!«, ruft mir meine Freundin Marie noch hinterher, als ich am Gare Montparnasse in den Airportbus klettere. Ein schmutziger Grauschleier liegt über der Skyline von Paris, als wolle mir die Stadt den Abschied ein wenig erleichtern. Wie immer ist das Wochenende an der Seine in atemlosem Tempo vorbeigerauscht. Eine hochkonzentrierte Abfolge schöner, anregender, genussvoller Momente. Freunde treffen, durch Galerien bummeln, Museen besuchen, ins Theater gehen, Restaurants testen, Geld ausgeben für Dinge, die man sich eigentlich nicht leisten kann und überhaupt nicht braucht. Oder doch? Sollte nicht jede Frau wenigstens eine Handtasche von Hermès besitzen?

Bereits als Teenager hatte ich mich in die französische Hauptstadt verliebt. Ich bin in einem Vorort von Saarbrücken, direkt an der Grenze zu Frankreich, aufgewachsen. Paris lag quasi vor der Haustür, und ich fuhr damals lieber an die Seine statt an die Isar, die Elbe oder die Spree. So manche Partynacht, die in der südwestdeutschen Provinz begonnen hatte, endete bei Croissants und Café au Lait in einer der Brasserien am Boulevard Saint-Germain. Noch heute fühle ich mich sofort wieder zu Hause zwischen dem Jardin du Luxembourg und der Île Saint-Louis. Etwas Ähnliches ist mir mit anderen faszinierenden Metropolen nie passiert. Weder New York noch Kairo, Buenos Aires, Bangkok oder Sidney haben es bisher geschafft, Paris diese Erste-Liebe-Sonderstellung in meinem Herzen streitig zu machen. Und weil das so ist, verzeihe ich der Stadt und ihren Bewohnern auch alle ihnen nachgesagten – oder tatsächlichen – Macken, Schwächen und eitlen Attitüden.

Der Mann an meiner Seite ist selten zu einer Reise ins Nachbarland bereit. Auch diesmal hat er es vorgezogen, in Hamburg zu bleiben und den gallischen Hahn aus der Ferne zu rupfen. Der gebürtige Holsteiner pflegt seine Abneigung gegen alles Französische mit Leidenschaft und hält alle Pariser beiderlei Geschlechts für arrogante Schnösel, seit eine bildhübsche, aber schnippische Autovermieterin weder sein Englisch noch seine mühsam erlernten Französischbrocken verstehen wollte. »Schau dir nur an, von wem sie sich regieren lassen, dann weißt du, was los ist.« Er rollt die Augen gen Himmel und nölt. »Ein Kampfzwerg, der seine Minderwertigkeitskomplexe mit einem Exmodel kompensiert, das sich für eine Sängerin hält, obwohl es überhaupt keine Stimme hat. Vögeln und posen – das ist Frankreich.«

Auf dem Weg zum Flughafen Charles de Gaulle zuckelt der Airportbus durch eine der zahllosen schmalen Einbahnsträßchen und hält plötzlich ruckartig an. Etwa dreißig Menschen aus aller Herren Länder recken gleichzeitig die Hälse. Direkt vor dem Bus blockiert ein Transporter mit geöffneten Ladetüren die Straße. In aller Seelenruhe hieven zwei Männer Mobiliar auf den Gehsteig. Einen Tisch, Stühle, ein Sofa, Bettgestelle. Sie schenken uns und unserem Bus keinerlei Beachtung. Unser Chauffeur versinkt in eine Art Duldungsstarre. Wir warten. Fünf Minuten, zehn Minuten, eine Viertelstunde. Hinter uns bildet sich, laut hupend, eine Schlange. Im Bus macht sich leise Unruhe breit. Nach dreißig Minuten schüttelt der Herr neben mir unwillig sein mit einem beeindruckenden grüngoldenen Turban besetztes Haupt und blickt nervös auf die Uhr.

»Ich muss unbedingt meinen Flug nach Neu-Delhi erwischen«, wispert er mir komplizenhaft zu. In diesem charmanten Indisch-Englisch, das mich immer an New Yorker Taxifahrer erinnert. Mein verständnisvolles Nicken ist für uns beide das Startsignal zur Flucht. Als ich fluchend meinen Koffer aus dem Bus wuchte, um nach einem längeren Fußmarsch irgendwo auf einem größeren Boulevard ein Taxi zu ergattern, klingelt mein Handy. Der Mann an meiner Seite beweist wieder einmal seinen untrüglichen Instinkt für Timing.

»Ich kann jetzt nicht reden«, japse ich. Und sehe, wie sich der Turbanträger das einzige Taxi weit und breit schnappt und davondüst.

Der Mann am anderen Ende der Leitung überhört meinen angespannten Tonfall und plaudert ungerührt weiter, bis ich kurz vor dem Kollaps stehe. Seine letzten Worte:

»Ich hoffe, du landest pünktlich in Hamburg. Ich habe eine Überraschung für dich.«

Meine Überraschung für ihn steckt in meinem Handgepäck. Ich habe es doch noch bis zur Schlange vor dem Sicherheitscheck geschafft. Und weil auf die Unpünktlichkeit der Fluglinie Verlass ist, werde ich sogar meine gebuchte Maschine erreichen. »Open«, bellt mich die weibliche Security-Kraft an. Sie pflügt mit den Händen durch meine Handtasche und fördert mit spitzen Fingern ein Marmeladenglas zutage.

»Grüne-Tomaten-Konfitüre«, stammle ich, »eine Spezialität von Hédiard. Ein Geschenk für meinen Mann.«

Die Uniformierte kennt kein Erbarmen. Mit strengem Blick und den Worten »No confiture« deutet sie auf einen Abfalleimer. Dass Terrorgefahr selbst in Marmeladengläsern lauert, war mir bisher entgangen. Aber diese Delikatesse aus meinem Lieblingsfeinkostladen an der Place de la Madeleine einfach in den Müll werfen? Kann eine Französin, selbst wenn sie für die Flugsicherheit verantwortlich ist, solch einen Frevel zulassen?

Mit einem letzten Rest an Selbstbeherrschung entschuldige ich mich für meine Unwissenheit und reiche ihr das Gläschen mit der Bitte, den Inhalt wenigstens gebührend zu genießen. Die Sicherheitsdame mustert mich ungläubig. Ein Lächeln lässt ihr herbes Gesicht plötzlich weich und freundlich aussehen. Dann macht sie eine kaum wahrnehmbare Kopfbewegung. Sie lässt mich und meine grünen Tomaten einfach ziehen. Wider alle Vorschriften.

Ich liebe Paris.

Beim Landeanflug auf Hamburg wird die Maschine von Orkanböen durchgeschüttelt. Ich kralle mich an den Armlehnen fest und spüre, wie das Adrenalin meinen Körper durchflutet. Als wir den Boden berühren, atme ich tief durch. Ich bin wieder zu Hause.

»Was nehmen Frauen nicht alles auf sich, um die Sinne des Liebsten für besondere kulinarische Erlebnisse zu schärfen.« Ich überreiche dem Mann das Mitbringsel und weiß insgeheim, dass er nach ein paar Löffelchen

Exotik wieder zu Sauerkirsch aus dem Supermarkt zurückkehren wird.

»Confiture de tomates vertes«, buchstabiert er fröhlich. »Klingt superlecker.« Seine gute Laune, die in keinem Verhältnis zu meinem kleinen Präsent steht, ist mir suspekt. Dann drückt er mich in einen Sessel, strahlt mich an und sagt: »Ich muss dir was zeigen.«

Er greift zu einem Stapel Fotos und breitet sie andächtig vor mir auf dem Tisch aus. Auf den Bildern erkenne ich die langjährigen Kumpel seiner Rockband. Ecki am Keyboard, Dirk am Schlagzeug, Michael an der E-Gitarre und ihn selbst als Leadsänger mit Bass am Mikrofon. Und: Ecki, Kopf an Kopf mit einem riesigen schwarzen Köter, Michael beim Wischen eines mir unbekannten Küchenfußbodens, die Jungs beim gemeinsamen Frühstück auf einer von Hagebuttensträuchern zugewucherten Terrasse eines Fachwerkhauses.

»Und?«

Ich schaue den Mann verständnislos an.

»Polkefitz«, sagt er mit einem seligen Lächeln im Gesicht. »Ich habe dir doch von Polkefitz erzählt. Ein kleines Dorf im Wendland. Ein uraltes Bauernhaus in einem riesigen Garten. Es ist Jahre her, da haben wir dort immer wieder mal ein Wochenende verbracht. Ein herrliches Fleckchen Erde. Und niemanden hat es gestört, wenn wir unsere Verstärker bis zum Anschlag aufgedreht haben. Wir konnten endlich mal nach Lust und Laune losjammen.«

»Und? Ist das etwa deine Überraschung?«

»Der Besitzer hat angerufen. Das Haus steht jetzt leer. Wir könnten es mieten. Für die Wochenenden. Mal raus aus der Stadt. Kostet fast gar nichts.«

»Du willst mich in die Pampa verschleppen?«, kreische ich, kurz vorm Hyperventilieren. »Vergiss es! Wenn überhaupt Pampa, dann nach Argentinien. Was soll ich in der deutschen Provinz?«

Dort bin ich aufgewachsen. Vorstadt-Idylle mit Einfamilienhäusern in ordentlich gepflegten Gärten. Ligusterhecken. In Form gestutztes Grün. Blumen, die in einer Reihe strammstehen wie Zinnsoldaten. Bin ich abgehauen aus dieser kleinen geordneten Welt, um jetzt wieder dorthin zurückzukehren? Nicht mal aus Liebe zu einem Mann kann man das von mir erwarten.

»Du könntest einen eigenen Gemüsegarten haben«, meint er vorsichtig.

»Gemüsegarten? Ich will keinen Gemüsegarten. Vielen Dank. Falls du es noch nicht gemerkt hast: Ich bin ein Stadtmensch! Durch und durch. Ich träume nicht von selbstgezüchteten Salatgurken. Ich brauche auch keine Kate im Country-Look zum Glücklichsein. Ich wohne sehr gerne im vierten Stock und kaufe mein Basilikum auf dem Wochenmarkt.«

Die Hartnäckigkeit, mit der er am Thema klebt, stachelt meinen Widerspruchsgeist erst recht an. »Es ist wirklich wunderschön dort«, versucht er es erneut. »Durch die Lage im ehemaligen Zonenrandgebiet hat man den Landstrich sich selbst überlassen, und das ist der Natur sehr gut bekommen. Es gibt ganz viele seltene Tiere da. Störche, Fischadler, Biber. Und dann der Blick über die Wiesen, diese Weite.«

»Wenn du Blick willst«, grolle ich, »dann setz dich auf unsere Dachterrasse.«

Ein Besichtigungstermin wird für den folgenden Samstagnachmittag organisiert.

»Wir tun nichts, was du nicht willst«, beschwichtigt mich der Mann, während er sein Navi mit den Daten füttert, »nur mal anschauen.«

Seine Taktik ist aufgegangen. Nachdem wir die letzten Tage über nichts anderes geredet haben als über die Schönheit der Natur im Landkreis Lüchow-Dannenberg und den unerhörten Liebreiz von Polkefitz, ist meine Neugier nun so angestachelt, dass ich mir trotz aller bisherigen Widerstände selbst ein Bild davon machen will. Mit dieser Gegend verband ich bisher nur ein paar wenig erbauliche Schlagzeilen: Gorleben, Atommüllzwischenlager, Castortransporte, rebellische Bauern. Meine Sympathie gehörte zwar immer den Demonstranten, die unbeirrt seit Jahrzehnten jeden Transport mit ausgefuchsten Störmanövern begleiten, aber ich hatte nie den Wunsch, mir diesen Zipfel Deutschlands mal näher anzusehen.

Nun fiebere ich, ohne es zugeben zu wollen, der Reise ans Ende der Welt entgegen. Mit mühsam zur Schau getragenem Pokerface sage ich gönnerhaft: »Ich will kein Spielverderber sein. Wenn wir schon einer strahlenden Zukunft entgegengehen, dann gemeinsam.«

Laut Navi sind es 122 Kilometer bis zu unserem Ziel. Die Fahrt soll anderthalb Stunden dauern. Wir rollen auf der Autobahn über meine geliebten Elbbrücken Richtung Lüneburg. Hinter uns die Großstadt, vor uns die Provinz. Dann runter auf die Bundesstraße. Es wird einspurig. Überholverbote und mit Blumen geschmückte Kreuze am Wegesrand erzählen von tollkühner Selbstüberschätzung. Oder ist es Todessehnsucht? Wir fahren über die Dörfer. Barendorf, Bavendorf, Dahlenburg. Kurz vor der Ortschaft Göhrde wird die Landschaft hügelig, dichter Wald reicht bis an die Straße. Gab's hier im Unterholz nicht einen Doppelmord, der nie aufgeklärt wurde?

»Das ist aber sehr, sehr lange her.« Der Mann an meiner Seite will jetzt auf gar keinen Fall mit mir über frei im Landkreis umherlaufende Mehrfachkiller reden und lenkt meine Aufmerksamkeit auf ein Schild, das eine respektable, sprungbereite Wildsau zeigt. Seitlich davon die fette Warnung: Keiler kommt!

Die Straße wird immer schmaler und führt schließlich als unbefestigter Weg ohne Gehsteig in ein Dorf, in dem die Häuser hufeisenförmig um einen Platz stehen. Sie scheinen den Besuchern ihre hübschen Fachwerkfassaden entgegenzustrecken, als wollten sie sich zur Begrüßung von ihrer Schokoladenseite zeigen. Gleichzeitig erinnert das Ensemble aber auch an die Verteidigungsbereitschaft einer Wagenburg im Wilden Westen. Oder an Klein Bonum, das wehrhafte gallische Widerstandsnest. »Polkefitz ist ein Rundlingsdorf«, klärt mich der in Heimatkunde bewanderte Mann auf, »so was gibt es nur hier, im Wendland.«

Er zeigt auf eine Gartenpforte, neben der die Hausnummer 9 angebracht ist.

»Da müssen wir rein.«

Kaum habe ich die Klinke runtergedrückt, da rast etwas Großes, Blondes auf mich zu. Der Hundeexperte an meiner Seite knurrt leise: »Bleib einfach stehen und schau ihm nicht in die Augen.«

Wie bitte?

Das kläffende Ungeheuer erweckt nicht den Anschein, als würde es auf solche Tricks hereinfallen. Ich fühle, wie mir der Angstschweiß den Rücken hinunterläuft. Hunde können Angst riechen, das ist alles, was mir in der Sekunde einfällt. Dann sehe ich einen Mann und eine Frau, offenbar die Besitzer der Bestie, auf uns zusprinten. »Du hast mich auf dem Gewissen«, kann ich gerade noch zischen, bevor ich zur Salzsäule erstarre. Morgen, denke ich, hat die Regionalzeitung ihren Aufmacher: Hamburger Journalistin von Hofhund zerfleischt. Sekunden später springt mir der Blonde mit Karacho gegen das Brustbein und verewigt die Abdrücke seiner Dreckpratzen auf meinem Lieblingspulli.

»Pfui, Leo!«, ruft eine aufgebrachte Frauenstimme und säuselt dann entschuldigend: »Wir sind noch dabei, ihm das abzugewöhnen.«

Leos Frauchen stellt sich als Helena vor und reicht uns die Hand, während ihr Mann Paul den Springteufel in die Sitzposition zwingt.

»Lange nicht gesehen«, sagt er zum Leadsänger aus der Stadt. Und zu mir: »Schön, dass ihr da seid.«

Mir zittern die Knie. Aber die erste Lektion sitzt: No Kaschmir, wenn du aufs Land fährst.

Helena inspiziert den Schaden. »Wir sind versichert gegen so was«, sagt sie und befühlt mit dem Zeigefinger das kleine Loch, das eine spitze Kralle des Ungeheuers in die Wolle gerissen hat, »aber wenn du mir den Pulli hierlässt, kann ich ihn dir auch kunststopfen. Der wird wieder wie neu.«

Ich nicke geistesabwesend. Ich lebe noch. Das Loch ist mir im Augenblick völlig egal.

»Leo ist ein Hovawart«, klärt uns Paul auf, »die waren im Mittelalter dazu da, in Eigenregie die Höfe zu bewachen.«

Der Mann an meiner Seite nickt und meint fachkundig: »Nicht ganz einfach, die Rasse. Sehr revierbewusst und schwer zu erziehen.«

Paul grinst. »Kennst dich wohl aus mit den Vierbeinern, was?«

Der Hofherr ist ein kräftiger Mann mit wilder weißer Lockenmähne. Zeus, denke ich, als ich mich von dem Begrüßungsschock erholt habe. Hätte ich die Rolle des allmächtigen Göttervaters zu vergeben, wäre Paul die perfekte Besetzung. Seine Frau, schmal und zartgliedrig, wirkt neben ihm zerbrechlich wie ein Porzellanpüppchen. Eine optische Täuschung, wie sich später herausstellen wird. Beide schätze ich auf Mitte sechzig.

»Hattet ihr nicht zwei Töchter?«, fragt der Mann an meiner Seite und schaut sich um.

Paul grinst. »Die haben wir immer noch. Die eine lebt in Kiel mit Ehemann und zwei Kindern, die andere studiert freie Malerei in Berlin. Als ihr damals hier Musik gemacht habt, waren die zwei noch Teenies. Sie sind nachts heimlich bei euch ums Haus geschlichen und haben ein bisschen gekiebitzt, die wollten hören, was für Mucke ihr macht.«

»Was? Wir hatten Publikum? Und haben nix davon gemerkt?« Dem Mann an meiner Seite ist die Sache ein ganz klein wenig peinlich.

»Vor allem war's schön laut«, brummt Paul. Da hatte das ganze Dorf was davon. Bauer Plate, der wohnt zwei Höfe weiter, hat mich sogar mal gefragt, ob man euch nicht fürs nächste Dorffest anheuern könnte. ›Cocaine‹ hat ihm besonders gut gefallen. Aber dann seid ihr leider nie mehr hier aufgetaucht.«

Der Blonde weicht uns nicht von der Seite, als wir zu viert einen Rundgang über das Gelände machen. 20 000 Quadratmeter. Ein riesiger Schwimmteich mit Steg. Ein kleines Gewächshaus. Bäume, Büsche, Beerensträucher. Ein eingezäunter Bauerngarten. Eine naturbelassene Wiese mit Maulwurfshügeln. Eine Welt, die nicht das Geringste mit den ordentlichen Vorstadtgrünflächen zu tun hat, die ich kenne. Wild, romantisch, verwunschen, denke ich. Sogar jetzt, Ende Februar, obwohl die Bäume noch kahl sind, die Wiese matschig ist und nur dürre Strünke im schneidend kalten Wind wippen. Aber ich ertappe mich dabei, wie ich mir den Frühling, den Sommer ausmale. Ich sehe es wuchern und wachsen. In meiner Phantasie blühen Rosen, Jasmin, wilder Wein. Ich sitze mit einem Buch unter einem blühenden Kirschbaum. Oder auf dem Steg am Teich, einen kühlen Drink in der Hand. Neben mir liegt die blonde Bestie, von mir gezähmt. Wir bewundern gemeinsam die Seerosenblüten, und dann wandert unser Blick hinüber zur angrenzenden Hausweide, auf der ein paar Pferde grasen.

Ich ziehe die würzige Luft in meine Lunge. Was ist nur los mit mir? Es ist fast so, als hätte mich jemand einer Gehirnwäsche unterzogen. Aber dieser Flecken außerhalb meines Koordinatensystems lässt mich doch tatsächlich sentimental werden. Dabei ist das hier nicht Paris, sondern Polkefitz. Wie der Name schon klingt! Auch die umliegenden Dörfer heißen so, als hätte ein sturzbetrunkener Comic-Autor sie erfunden: Waddeweitz, Tolstefanz, Meuchefitz und Salderatzen. Sollte ich nicht besser ganz schnell abhauen, bevor ich mein Herz verliere an einen Naturpark, der mir offensichtlich die Sinne vernebelt?

Ich merke, wie mich der Mann an meiner Seite aus den Augenwinkeln beobachtet, als ich den zum Wohnhaus umgebauten Schweinestall bestaune, in dem Helena und Paul leben. Die weiß lackierten Fensterrahmen und die ochsenblutrot gestrichenen Türen geben dem langen, dunklen Ziegelbau ein fröhliches Gesicht. Direkt daneben, Giebel an Giebel, steht das unbewohnte Haupthaus mit angebauter Tenne. Unser Haus. Sollten wir uns dafür entscheiden. Seine Fachwerkfassade ist von Efeu und wildem Wein überwuchert. »Bis vor einem halben Jahr hat Otto hier gewohnt«, sagt Paul, »ein Sandkastenkumpel von mir. Er und seine Lebensgefährtin haben das Haus auch nur am Wochenende genutzt. Aber die Fahrerei zwischen Hamburg und Polkefitz ist ihnen irgendwann zu viel geworden.« Eine gegenüberliegende Remise, in der Berge von Kaminholz lagern, komplettiert das Gebäudeensemble der Hofstelle.

»Baujahr 1841«, meint Paul, als wir die gemütliche Wohnstube des Hauptgebäudes betreten. »Also Vorsicht!« Aber da ist es schon zu spät. Der Mann an meiner Seite hat sich auf dem Weg in die geräumige Küche den Schädel am Türstock wund gestoßen.

»Ich erinnere mich wieder«, sagt er und reibt sich die schmerzende Stirn, »das ist uns damals bei unseren Musik-Wochenenden nicht nur einmal passiert.«

Paul grinst. »Im 19. Jahrhundert waren die Leute eben kleiner. Aber nach ein paar Beulen gewöhnt man sich dran, den Kopf einzuziehen.«

Die niedrigen Türstöcke sind nicht die einzige Besonderheit. Es gibt Türen, die sich nur öffnen lassen, wenn man die Oberarme eines Wladimir Klitschko mitbringt, der geneigte Fußboden im Schlafzimmer könnte als Sehenswürdigkeit mit dem Schiefen Turm von Pisa konkurrieren. Ins Bad kommt man nur von der Küche aus, auf der Treppe ins Obergeschoss liegen dicht an dicht Holzwurm-Staubhäufchen, und als wir in den ersten Stock hinaufsteigen, glaube ich das aufgeregte Trippeln winziger Füße zu hören. Ein kaum wahrnehmbares Geräusch, das irgendwo aus dem Zwischengebälk kommt.

Ansonsten ist das Haus mit all seinen Altersschwächen einfach umwerfend. Den Hausflur schmückt ein Terrazzo-Fußboden, wie ich ihn ähnlich schön nur in venezianischen Palazzi gesehen habe, eine schier unüberschaubare Zahl kleiner Kammern würde es erlauben, Familienangehörige und Freunde in beträchtlicher Zahl zu beherbergen, die dann die Wahl hätten zwischen zwei Terrassen, um entweder in der Sonne oder im Schatten zu frühstücken.

Und bei Regen fänden alle Platz in der über dreißig Quadratmeter großen Küche. Am besten gefällt mir die Patina des langen Eichentisches, an dem bequem zwölf ausgewachsene Menschen sitzen können. Das eindrucksvolle Möbelstück hält ohne Leim oder einen einzigen Nagel zusammen und sieht aus, als habe dort schon Kaiser Barbarossa mit bloßen Händen eine Wildschweinkeule verzehrt.

Helena hat eine bauchige Teekanne, Tassen und einen Teller Gebäck aufgetischt. Ohne es darauf anzulegen, ist ihr ein bildhübsches Fotomotiv gelungen: feines Porzellan mit handgemalten englischen Rosen auf einer schrundigen, rissigen Holzplatte. Perfekte Landlust-Ästhetik!

Helena, gelernte Physiotherapeutin, ist Berlinerin.

Eine Großstadtpflanze. Eigentlich. Dort lernte sie Paul kennen, der aus Kiel stammt und zum Studium der Ingenieurwissenschaften in die damals noch geteilte Stadt ging. Ende der 60er Jahre eröffnete er dort eine Kneipe, in der sich alles traf, was in der linken Polit- und Kulturszene Rang und Namen hatte. Von Dutschke bis Grützke. Seine Wohnung teilte er damals vorübergehend mit einem RAF-Sympathisanten und Lover von Ulrike Meinhof.

»War 'ne wilde Zeit.« Er kratzt sich gedankenverloren am Kopf. »Aber irgendwann hatte ich keine Lust mehr, mir jede verdammte Nacht hinter der Theke um die Ohren zu schlagen. War der Gesundheit auf Dauer auch nicht grade zuträglich.«

Auf der Suche nach einer alternativen Lebensform landete das Paar schließlich im damaligen Zonenrandgebiet. Er lernte Lämmer zur Welt zu bringen und Gänse zu rupfen, sie befreite die Landbevölkerung von Schmerzen in den Knochen. »Seit mehr als dreißig Jahren sind wir jetzt hier«, rechnet Helena nach, »wir haben es nie bereut, dass wir Berlin verlassen haben.« Pause. »Die Stadt ist uns auf die Nerven gegangen.«

Der hübsche Blonde hat sich direkt neben meinen Stuhl gelegt und taxiert mich. »Guter Hund«, schmeichle ich und streichle ihm vorsichtig über die samtweichen Schlappohren. In einem unbeobachteten Augenblick schiebe ich ihm einen Vollkornkeks ins Maul. Der etwas plumpe Bestechungsversuch verfehlt seine Wirkung nicht. Leo schleckt mir dankbar über die Hand, wir schauen uns in die Augen, und ich weiß: Das ist es. Der Beginn einer wunderbaren Wochenendbeziehung.

Zum Abschied zieht mir Helena noch mit einem »Lass mich das mal versuchen« den Pulli über den Kopf.

»Wir melden uns nächste Woche«, rufen wir den beiden zu.

»War wirklich ein netter Ausflug«, sagt der Mann auf der Fahrt zurück nach Hamburg. »Aber es ist natürlich eine Schnapsidee, ein Haus auf dem Land zu mieten.«

»Wieso denn?«, höre ich mich fragen, während ich im Geiste bereits Möbel rücke und kleine Renovierungsarbeiten plane.

»Das engt uns doch nur ein. Wir werden uns verpflichtet fühlen, dauernd dorthin zu fahren. Immer an denselben Ort, das nervt doch nur.«

»Quatsch«, protestiere ich, »das wäre ein wunderbares Gegengewicht zur Stadt, endlich ein Ort, um den Kopf freizukriegen, jeder Mensch braucht doch solche kleinen Fluchten … und …«

Kampfbereit betrachte ich sein Profil. Und erkenne ein breites, zufriedenes Grinsen. Fast wäre ich ihm auf den Leim gegangen.

»Du alter Schuft.« Ich knuffe ihn in die Seite. »Was willst du noch hören?«

»Eigentlich nur, dass ich recht hatte mit meiner Schwärmerei. Und dass du genauso glücklich bist wie ich, wenn wir ab sofort unsere Wochenenden auf dem Land verbringen werden.«

Er hatte recht. Ich bin glücklich. Und kann den Frühling in Polkefitz kaum erwarten.

Paradies mit
kleinen Fehlern

Wir wohnen in einem quirligen, dichtbesiedelten Stadtteil Hamburgs. Urbanes Ambiente, wie das in Immobilienofferten so schön heißt. Cafés, Restaurants, Supermärkte, Bäckereien, Schneidereien, Boutiquen, Goldschmiedeläden, Kinderschuh-Shops, Hunde-und-Katzenfutter-Shops, Blumenläden, Frisöre, Schuster, Bestattungsunternehmen – alles zum Leben und Sterben um die Ecke. Nur Parkplätze sind heißumkämpfte Mangelware. Aber an diesem Freitag haben wir einen ergattert. Sogar direkt vor der Tür. Ein Wunder, das ich als gutes Omen deute.

Denn ab sofort gehören wir zu den Wochenendrausfahrern. Wir haben nur eine Nacht gewartet und dann am Telefon unser Jawort gegeben. Ein lautes, deutliches »Ja« zum großen Abenteuer. »Ja« zu unserem neuen Teilzeit-Dorfleben im Wendland.

Für mich heißt das zunächst einmal, ganz pragmatisch gesehen: zwei Haushalte. Einen in der Stadt, einen auf dem Land. Doppelleben. Und ich bin wild entschlossen, gut gerüstet in unsere neue Existenz zu starten. Im Eingangsbereich unserer Wohnung – vierter Stock ohne Lift – wartet ein Durcheinander aus Kisten und Kästen, Tüten und Taschen darauf, runtergetragen und im Auto verstaut zu werden.

»Wozu brauchen wir das ganze Zeug?«, fragt der Mann und lässt seinen Blick über mein Arsenal an Dosen, Flaschen und Päckchen schweifen. Argwöhnisch taxiert er die Sammlung verschiedener Seifenreiniger, die Scheuermittel und Desinfektionslösungen – als Flüssigkonzentrat und zum Sprühen –, die Polster- und Teppichschäume, den Entkalker, das Backofen-Spray, das Putzzeug für Glas und Fliesen, die WC-Ente, den regenbogenbunten Staubwedel mit Teleskopgriff, das Wischmopp-Eimer-System, die Großpackung Einmalhandschuhe, Abfalltüten, Schwämmchen, Wischtücher, zwei Klobürsten – und eine Ameisenfalle.

»Wir haben doch nur ein altes Bauernhaus gemietet«, stöhnt er, »aber das hier sieht aus, als hättest du vor, eine Gebäudereinigungsfirma zu gründen.«

»Wenn man neues Terrain erobern will, muss man seine eigene Duftmarke setzen«, entgegne ich knapp, »und weil wir Menschen sind, können wir leider nicht in jede Ecke pinkeln. Also putzen wir.«

Mit einem ergebenen Seufzer und einem leisen »Wusste gar nicht, dass ich mit einem spießigen kleinen Putzteufel zusammenlebe« greift er mit der Linken ein paar Tüten, mit der Rechten seine Kiste mit Handwerkszeug und verschwindet durch die Tür. Überflüssig zu erwähnen, dass wir mehr als einmal hoch und runter müssen. Schließlich ist kein Kubikzentimeter Platz mehr im großen Kofferraum des Volvo Kombi, und die Expedition kann beginnen.

Stau auf den Elbbrücken. Es geht nur im Schritt-Tempo raus aus der Stadt. Ganz kurz schleicht sich in die Vorfreude ein leises, banges Gefühl. Haben wir die Entscheidung, ein Bauernhaus im entlegenen Landkreis Lüchow-Dannenberg zu beziehen, nicht vielleicht doch etwas überstürzt getroffen?

»Psycho-Pannenberg«, hatte ein freundlicher Kollege über unsere neue Heimat gewitzelt. »Na dann, viel Spaß. Da sitzen doch die ganzen Alt-68er auf ihren Höfen, all die bewegten Lomi-Lomi-Tanten, Kräuterhexen und Schwitzzelt-Schamanen.« Er selbst entspannt an den Wochenenden in seinem hübschen, tipptopp gepflegten Reetdachhaus hinterm Ostedeich. Lauter feine Landhausvillen, die in Abwesenheit der Herrschaften von örtlichen Putzhilfen in Schuss gehalten werden.

»Besser ein paar Eso-Spinner in der Nachbarschaft als deine Hamburger Medien-Anwälte und feinen Zahnklempner, die ihre Rasenflächen mit der Nagelschere kurz halten«, fällt mir als Erwiderung nur ein.

Als wir in der Dämmerung endlich langsam über die Dorfstraße von Polkefitz zu unserem Haus rollen, sind alle Zweifel wie weggeblasen. Wir halten vor dem Gatter. Mein Herz hüpft. Ich bin Marco Polo, der gleich seinen Fuß auf den Boden einer unbekannten Insel setzen wird. Ich bin ein Entdecker, bereit, mich allen Abenteuern zu stellen. Beim Aussteigen erkenne ich die Umrisse des blonden Hofwächters. Leo liegt in strategisch günstiger Position zwischen Tenne und Gartenpforte. So hat er alles im Blick. Und fast könnte man auf die Idee kommen, er erwarte uns.

Dieses Mal bin ich vorbereitet. Äußerlich: mit alten Jeans und einem ausgeleierten Sweatshirt. Innerlich: mit dem Grundvertrauen, dass sich der stürmische Vierbeiner an unsere letzte Woche mit einem Keks besiegelte Freundschaft erinnern wird. Trotzdem habe ich für die

Absicherung meiner körperlichen Unversehrtheit Vorsorge getroffen. Meine Hand fährt in die Hosentasche. Ja, da sind sie. Drei saftige, leckere Lammwürstchen. Erstes Hofhund-Gesetz: Kleine Geschenke erhalten die Freundschaft. Der Hovawart lässt ein kurzes sonores Bellen hören und sprintet auf mich zu. Springt hoch. Hundeschnauze im Gesicht. Heftiges Schwanzwedeln, das den gesamten Hinterleib erfasst. Freundliches Fiepen, das sich tatsächlich nach Wiedererkennen anhört. Ich wische mir mit dem Ärmel den feuchten Hundekuss aus dem Gesicht, fingere etwas zittrig eines der Würstchen aus der Hosentasche und bin überrascht, wie sanft und vorsichtig der Wildfang das Präsent aus meiner Hand fischt. Begrüßung geglückt.

»Feiner Hund.« Erleichtert streichle ich meinem neuen Freund über die Flanke.

Zeus steht unter einer alten Kutscherlampe dekorativ vor der Haustür und erwartet uns. Er sieht genauso aus wie in der Woche zuvor. Windzerzauste weiße Lockenmähne, kariertes Flanellhemd, dunkelgrüne Wolljacke mit Zopfmuster, braune Cordhose, Sandalen ohne Socken. Dabei haben wir jetzt am Abend gefühlt nicht mal zehn Grad. Götterväter kriegen offenbar keine kalten Füße.

»Socken«, sagt Paul, als er meinem Blick folgt, »ziehe ich nur an, wenn ich in die Stadt fahre.« Er meint nicht Hamburg oder Lüneburg. Er meint Lüchow, das rund zwölf Kilometer entfernt liegende Fachwerkstädtchen. Dann senkt er die Stimme und meint: »Eigentlich trage ich die Dinger überhaupt nur, weil Helena drauf besteht. Sie findet, es sieht pennermäßig aus, wenn ich unten ohne vom Hof gehe.«

Er übergibt uns den Hausschlüssel, an dem als Anhänger etwas Selbstgehäkeltes in Form einer Wurst baumelt, und strahlt über beide Backen. »Aber jetzt erst mal: Herzlich willkommen in Polkefitz. Wir freuen uns sehr, dass ihr euch entschieden habt, hier draußen bei uns eure Wochenenden zu verbringen.«

Als wir unseren Kram ausladen, denkt die kleine Spießerin in mir: ... und keine Parkplatznot, hier können wir immer direkt vor die Haustür fahren – welch ein Luxus.

In der Stadt sehen die meisten Mietverträge aus wie die Schlussakte von Helsinki. Jede Winzigkeit, bis hin zur Grundsatzerklärung über die Terrarien-Haltung von Stabheuschrecken, wird vertraglich geregelt. Auf dem Land genügen ein Blatt Papier und das Versprechen, sich um Kaminholz-Nachschub zu kümmern. Dazu ein paar Gläser Rotwein, um den Deal zu besiegeln. Paul hat in weiser Voraussicht die Heizung angestellt. Mollige Wärme empfängt uns in unserer Küche. Der Mann an meiner Seite entkorkt eine Flasche Brunello, »zur Feier des Tages«. Paul deutet auf einen hübschen alten Bauernschrank. »Da sind Gläser drin. Und alles, was man sonst noch so braucht.«

Als ich Käse, Schinken und Brot auspacke, geht die Tür auf. Helena und der Hund. Sie ganz in Schwarz. Der grazile Körper steckt in einer robusten Zimmermannshose und einer feingestrickten Jacke mit V-Ausschnitt. Die kinnlangen weißblonden Haare ziert ein schwarzes Samtband. Das sandfarben-schwarz gestreifte Tuch um die Schultern komplettiert das Outfit. Sieht cool aus, denke ich und schaue etwas beschämt an mir runter. Hat nichts vom lodenfeinen Country-Schick, dafür phantasievolle Klasse.

In meinem Kopf habe ich den Typus »Landfrau« ganz anders abgespeichert. Als Geschöpf mit praktischer Kurzhaarfrisur, in formlosen, strapazierfähigen Klamotten, die zur Feld-, Stall- und Gartenarbeit taugen und vielleicht noch dazu, figürliche Mängel zu kaschieren. Helena ist der Gegenentwurf zum Blümchenkittelschürzen-Klischee, das in meinem Großstadthirn herumspukt. Mit ihrem Auftritt ist die neue Hofgemeinschaft komplett.

»Ich habe es versucht, so gut es ging«, sagt sie und drückt mir meinen Kaschmirpullover in die Hand. Ich taste nach dem Loch, das Leo letzte Woche in die Wolle gerissen hat. Es ist tatsächlich nur noch zu sehen, wenn man es sehen will. Ich will nicht. Und bedanke mich bei der Kunststopferin. Wir prosten uns zu, schauen uns über die Gläser hinweg an, und Paul entfährt ein langgezogenes, anerkennendes »Aaah – das ist ein Tröpfchen. Auf uns und auf euren ersten Sommer in Polkefitz.«

Es wird eine lange, fröhliche Nacht in unserer Küche. Wir erfahren, dass 54 Menschen hier im Dorf leben, dass der Resthof schräg gegenüber zum Verkauf steht, dass Bauer Plate am Morgen ein Reh angefahren hat, dass auf unserer Hofweide demnächst die Pferde von Karwinkel grasen werden und dass die ersten Kraniche auf der Wiese bei der »Alten Jeetzel«, dem Fluss, der sich ums Dorf windet, gelandet sind. Nichts, so hören wir, existiert im Ort, was man mit etwas gutem Willen Infrastruktur nennen könnte. Keine Schule, keine Kirche, kein Laden, nur ein gelber Postkasten, ein Kaugummiautomat und ein hölzerner Unterstand, den der Schulbus zweimal am Tag anfährt. Wir erhalten Aufschluss darüber, wer mit wem verkracht ist und dass der reichs-

te Bauer im Ort seiner Frau vor Jahren einen Tiger-
mantel geschenkt hat, den sie aber erst anziehen durfte,
wenn er mit seinem Jaguar die Polkefitzer Gemarkung
verlassen hatte.

Paul lacht in sich hinein. »Die Frau ist schon lange auf
und davon. Den Jaguar gibt's auch nicht mehr – aber
das ist eine andere Geschichte.«

»Mir hat gefallen, was du letzte Woche gesagt hast«,
meint Helena beim Rausgehen.

»Was habe ich denn gesagt?«

»Dass du dir vorstellst, wie du mit einem Buch unter
einem blühenden Kirschbaum sitzt. Obwohl alles noch
ganz kahl ist.«

Wir umarmen uns, als würden wir uns schon lange
kennen.

Als sie gegangen sind, sagt der Mann: »Über uns werden sicher auch bald irgendwelche Geschichten in Um-
lauf sein. Das gehört einfach dazu. Ist so was wie So-
zialhygiene. Aber bitte, wir halten uns raus aus dem
Dorfklatsch. Das gibt nur Verdruss.«

Kurz bevor wir todmüde, ziemlich beduselt und über-
glücklich ins Bett fallen, treten wir noch einmal vor die
Tür. Die Hofbeleuchtung brennt, ansonsten ist es stock-
finster. Und mucksmäuschenstill. So still, dass man sein
Blut in den Ohren rauschen hört. Ein gleißender Sternen-
himmel wölbt sich über uns, wie man ihn über der er-
leuchteten Kulisse einer Großstadt niemals sieht. Plötzlich zerreißt der Ruf eines Nachtvogels die Grabesruhe.
Käuzchen, Eule? Keine Ahnung – doch die kurz hinter-
einander ausgestoßenen Schreie vermitteln uns noch
intensiver das Gefühl, gaaaanz weit weg zu sein. Kein

Büro. Kein Internetanschluss. Funkloch. Es ist wie Urlaub in einer anderen Galaxie, ein gutes, befreiendes Gefühl. Wir stehen da, Arm in Arm, und wissen: Das Schicksal hat uns ein Geschenk gemacht. Polkefitz ist unser Dorf.

Am nächsten Morgen werden wir von lautem Zwitschern, Gurren, Krähen und Tirilieren geweckt. Das gefiederte Symphonieorchester ist in großer Besetzung angetreten, um uns aus den Betten zu pfeifen. Und eine kräftige Märzensonne wirft Licht auf das, was am Abend zuvor unsichtbar war. Noch etwas schlaftrunken und verkatert wanke ich durch die Räume und bemerke Staubschichten auf dem Mobiliar, Insektenleichen auf den Fensterbrettern, Wollmäuse auf dem Fußboden, Spinnweben überall. Als ich die Türen öffne, wehen gewaltige Vorhänge aus feinem klebrigem Gespinst in der sanften Brise. Es sieht aus, als habe der Requisiteur von »Arachnophobia« die Zimmer für die nächste Horrorfilmszene präpariert. Ich weiß, Spinnen sind nützliche Tiere. Aber können sie ihre segensreiche Tätigkeit nicht irgendwo anders ausüben?

Mir wird schlagartig bewusst, dass ich bei der Erweiterung unseres Lebensraums ein Problem nicht bedacht habe: Ich habe nichts übrig für Geschöpfe, die mehr als vier oder gar keine Beine haben. Es ist wie mit diesen Postkartenidyllen: Man schaut auf einen wunderschönen palmenbestandenen Sandstrand, über dem eine kitschige Feuerballsonne untergeht. Was man nicht sieht: Sandflöhe, Stechmücken, Kakerlaken, Wanzen, Taranteln, Skorpione, Schlangen. Dass ich so viele Reisen in tropische Länder überstanden habe, liegt nur daran, dass mein Fernweh und meine Neugier noch größer waren als mein Ekel vor diesem Viehzeug.

Ich schleiche ins Bad, öffne vorsichtig die Tür zur Duschkabine – und sehe das Biest mit den acht haarigen Beinen im Ausguss verschwinden. Mit Todesverachtung halte ich den Duschkopf auf die Öffnung und drehe volle Pulle auf. Wasser marsch! Am liebsten würde ich in einen Ganzkörper-Neoprenanzug schlüpfen. Schließlich ringe ich mich dazu durch, auf logisches Denken umzuschalten.

»Stell dich nicht so an«, sage ich laut zu mir selbst. »Du hast auf einer Philippinen-Insel, ohne es zu ahnen, über einem Python geschlafen, du hast in Thailand mit einem Tausendfüßler geduscht und in Afrika in Gesellschaft von handtellergroßen Nashornkäfern diniert. Es gibt hier nichts, was dir gefährlich werden könnte.«

»Mit wem redest du?«, fragt der Mann von draußen.

»Mit unseren Haustieren.« Ich gebe mir Mühe, meiner Stimme einen forschen Unterton zu verleihen.

Als ich im Schrank nach Tassen und Tellern für das Frühstück suche, fällt mein Blick auf kleine, harte, braunschwarze Röllchen.

»Mäusekötel«, sagt der zoologisch bewanderte Mann, unbeeindruckt von meinem angewiderten Gesicht. »Du bist hier auf dem Land, das ist ganz normal.«

»Normal?« Es kostet mich einige Anstrengung, nicht die Beherrschung zu verlieren. »Kann sein. Aber nicht in meinem Küchenschrank«, beharre ich. »Vergiss nicht, dass Nagerscheiße im Universum spießiger Putzteufel nicht vorgesehen ist. Wir können froh sein, dass keiner von uns an Hausstaub- oder Tierhaarallergie leidet, sonst wären wir jetzt schon erledigt, asthmatisch, tot.«

Insgeheim klopfe ich mir auf die Schulter, dass ich so klug war, gleich eine ganze Kollektion von Desinfektionsmitteln anzuschaffen.

Nach dem Frühstück werde ich ungemütlich und bitte den Handwerker an meiner Seite, in irgendeinem Baumarkt Farbe aufzutreiben, weil ich der Meinung bin, die Stube könnte einen neuen Anstrich vertragen. Außerdem müsse die Klinke der Küchentür fixiert werden, weil die sonst beim Aufziehen in ihre Einzelteile zerfällt, und wenn man schon dabei sei, könne man auch gleich die Tür aushängen und ein bisschen abschleifen, damit das Auf- und Zumachen nicht zum Muskelaufbautraining gerät.

Gegen echte, ehrliche, sinnvolle Reparaturarbeiten hat der Mann zum Glück nichts einzuwenden. Und das Beste daran: Obwohl auch er eigentlich ein Schreibtischtäter ist, hantiert er geschickt wie ein Profi mit allen nur erdenklichen Werkzeugen. Er ist der erste Mann in meinem Leben, der nicht bereits beim Anbringen einer Glühlampenfassung versagt. Alle Kerle vor ihm hatten zwei linke Hände und zehn Daumen. Er dagegen hämmert, sägt, feilt, leimt, lötet, fliest und mauert mit Sachverstand und Leidenschaft. Nicht ohne Stolz behauptet er von sich: »Ich habe schon ganze Häuser eingerissen und wieder aufgebaut. Vom Keller bis zum Dach. Fenster, Türen, Bäder, Küchen, alle Installationen selbst gemacht. Mit allem Drum und Dran. Und zwar allein!« Jetzt kann er zeigen, was in ihm steckt. Es gefällt ihm, dass meine Bewunderung für seine Fertigkeiten grenzenlos ist. »Welch angenehmes Gefühl«, gurre ich, »einen Mann im Haus zu haben, der zur Not ein geplatztes Wasserrohr reparieren könnte.« Immer wieder bringt er mich zum Staunen mit seinen kreativen Lösungen. Was nicht passt, wird passend gemacht. In jeder seiner Fingerspitzen wohnt ein kleiner Meister. Nur manchmal sehen die Dinge nach der Behandlung ein wenig anders aus als vorher. Nicht unbedingt besser, aber auch nicht wirklich schlechter. Nur anders. Aber fast immer erfüllen sie wieder ihre Funktion.

Wie im Rausch wische und schrubbe ich mich durchs ganze Haus, das ein gutes halbes Jahr leer stand. Ich rücke sogar, was ich zu Hause nie machen würde, Schränke von der Wand, scheuche Tierchen auf, die sich verschreckt unter Fußleisten verkriechen, hantiere großzügig mit Desinfektionsspray – und schäme mich gleichzeitig ein bisschen für meine Mordlust. Aber ich kann nicht anders. Ihr Spinnen, Käfer und Asseln, macht euch aus dem Staub! Sucht euch einen anderen Wellness-Bereich. Das ist jetzt mein Haus! Es ist meine Art der Inbesitznahme.

Der Mann hat sich nach den Maler- und Schleifarbeiten mit einem Weizenbier auf die Hofterrasse verzogen und lässt sich die Sonne ins Gesicht scheinen.

Als ich gerade dabei bin, die Fliesen des Küchenfußbodens zu bearbeiten, steckt Paul den Lockenschopf durch die Tür.

»Willst du auch ein Lamm?«

In meiner Phantasie sehe ich schon die köstliche Lammkeule im Ofen brutzeln. Lammhaxe. Lammschulter. Lammkoteletts. Hmmm. Lecker. »Klar«, meine ich, ohne eine Sekunde zu zögern.

»Gut, dann sage ich KD, dass er für euch noch ein Lamm mehr auf die Wiese stellen soll.«

KD, so erfahre ich, steht für den Dorfbewohner Klaus-Dietrich, einen Nebenerwerbslandwirt. Ich muss schlucken. Und stammle: »Wie – auf die Wiese stellen?«

Ein glucksendes Lachen schallt durch die offene Terrassentür an mein Ohr.

»Was hast du denn gedacht?«, ruft mir der Biertrinker von draußen zu und amüsiert sich prächtig über mein entsetztes Gesicht, »Lammhaxen wachsen nun mal nicht fix und fertig auf Bäumen. Die süßen kleinen Tierchen stehen auf der Wiese, und irgendwann werden sie geschlachtet, damit du einen schönen saftigen Braten bekommst.«

»Paul«, sage ich kraftlos, während ich einen galligen Na-warte-Blick auf die Terrasse werfe, »danke für das Angebot. Aber ... ich ... ich überleg's mir noch mal. Wenn ich das Lämmchen jedes Wochenende sehe, ich weiß nicht, ob das so eine gute Idee ...«

Paul schaut mich an, als sei ich aus einer beschützenden Anstalt entflohen, ringt sich aber zu einem Verständnis heischenden »Macht ja nix, hat ja noch Zeit bis morgen« durch.

Als er weg ist, komme ich mir ziemlich bescheuert vor. Schließlich bin ich keine Vegetarierin. Wieso esse ich ohne Gewissensbisse Fleisch vom Metzger, gerne auch in Bio-Qualität, kann aber den Gedanken nicht ertragen, ein Tier zu verzehren, das vor meiner Nase zum Braten heranwächst? Es käme mir vor, als würde ich jemanden aus unserem Freundeskreis fressen. Erst kürzlich habe ich von einem amerikanischen Wissenschaftler gelesen, der vorschlug, die Viehbestände in der landwirtschaftlichen Mastindustrie gentechnologisch so zu verändern, dass die Tiere ihr kurzes, artentfremdetes Leben schmerzfrei führen können. Das Schmerzempfinden einfach wegzüchten, damit wir unser Gewissen beruhigen – eine perverse Idee. Doch mein Verhalten ist auch irrational. Unlogisch. Dumm. Wenn ich ehrlich bin, kann ich es dem Mann nicht mal übelnehmen, dass er mich aufgezogen hat.

Aber meine Entscheidung ist gefällt: Ich will kein Lamm, das bis zu seinem schrecklichen Ende, das Todeszeichen auf der wolligen Stirn, vor meiner Nase auf einer Wiese grast. Ich will ein anonymes Stück Fleisch.

Schließlich sind auch die letzten Holzwurmhäufchen von der Treppe gefegt. Alles blitzt. Zufrieden räume ich das Putzzeug in die Kammer und mache mir Gedanken über das Abendessen. Irgendwas Fleischloses, so viel steht fest. Als ich gerade dabei bin, meine extrascharfen Spaghetti arrabiata vorzubereiten, höre ich hinter mir ein leises Tapsen. Ich schaue mich um und traue meinen Augen kaum. In meiner frisch geputzten Küche steht – der Hovawart. Der Kerl sieht aus wie ein Kurpatient nach einem Schlammbad. Eine trübe Brühe tropft aus seinem verkrusteten, ehemals falbenfarbenen Fell, die Dreckklumpen an seinen Fußballen mischen sich mit der Feuchtigkeit und bilden kleine Schmutztümpel auf dem Boden. Ich nehme ein paar Lagen Küchentücher, verwische die Lachen zu schmutzigen Schlieren und fühle mich einen gequälten Moment lang wie Sisyphus. Leo lässt seinen verschlammten Körper mit einem zufriedenen Seufzer auf die Fliesen plumpsen, und ich erkenne, dass ich gerade dabei bin, noch eine Lektion zu lernen: Übertriebenes Putzen eines Bauernhauses auf dem Land ist ungefähr so sinnvoll wie Sandkornzählen in der Sahara.

Am nächsten Morgen knirscht es unter meinen Füßen, als ich durch die Küche ins Bad laufe. Wie von Zauberhand sind auch die zarten Netze in den Ecken der Fensterrahmen wieder da. Und die Mini-Holzhäufchen auf der Treppe. Respekt, ihr kleinen, unsichtbaren Malocher! Da wird sich die teuflisch ehrgeizige Sauberfrau in mir wohl oder übel auf eine Schrumpfkur gefasst machen müssen.

Aber die Lektion hat auch einen positiven Effekt. Ich lasse in den kommenden Wochen die Putzeimer in der Ecke stehen und besinne mich darauf, Haus, Hof und Umgebung zu genießen.

Auf einer unserer Erkundungstouren haben wir ein paar Dörfer vor Polkefitz einen Ort gefunden, der sich für uns sehr schnell zum unverzichtbaren Wohlfühlzentrum für Leib und Seele entwickelt. Wir stoßen auf ein Fachwerkgemäuer, das mit seinem gepflegten Reetdach aussieht wie eine alterslose Schönheit, die gerade frisch vom Frisör kommt. Das »Alte Haus« in Jameln. Jeden Freitagabend dort zu essen wird für uns zum Wochenend-Ritual.

Für Menschen, die zufällig dort vorbeikommen, ist es einfach ein besonders hübsches, uriges Restaurant mit bodenständiger, aber exquisiter Küche. Für die Stammgäste, zu denen wir uns nach ein paar regelmäßigen Besuchen zählen dürfen, ist es eine Institution. Ein magischer Ort, der uns alle anzieht wie der Honigtopf die Fliegen. Und das liegt nicht nur an dem ausladenden Salat- und Vorspeisenbuffet, nicht allein an dem gemütlichen Gastraum mit den freiliegenden Eichenbalken und dem übermannshohen, zum Grill umfunktionierten Schwippbogen-Kamin oder am üppigen Blumenschmuck in fotogenen Tonkrügen, die verschwenderisch über die kleinen Tische verteilt sind.

Es liegt an den Menschen, die aus diesem Schmuckstück ein Zentralorgan ländlicher Kommunikation gemacht haben. Der Hamburger Christian und die Dänin Henriette, die das Lokal seit vielen Jahren betreiben, tischen ihren Gästen zum zarten Biorind oder zur Lammhaxe jede Menge Überraschungen auf – und alles, was man wissen muss, wenn man eine Woche oder länger nicht da war. Das »Alte Haus« ist Nachrichtenbörse, Ideenschmiede, Netzwerk und Ausstellungsraum für Kunst und Kurioses. Und: Treffpunkt für das Rat-Pack der Freiberufler. Für Journalisten, Schriftsteller, Maler, Schauspieler und Theaterleute, die sich, neben den Psycho-Pannenberger Schwitzzelt-Schamanen, vor Jahren schon in einem der Wendland-Höfe eingenistet haben, um hier zu leben, zu arbeiten, zu entspannen und bei Schnaps und Bier über Strategien für neue Projekte zu phantasieren.

Längst wundern wir uns über nichts mehr. Nicht über die Chansons von Françoise Hardy zur italienischen Bauernbratwurst. Nicht über die Fotos im Raucherzimmer, die belegen, dass sich auch Exkanzler Schröder, Udo Lindenberg oder Otto Sander hier wohl fühlten. Nicht über einige Gerichte mit merkwürdigen Namen auf der Speisekarte, die wir mittlerweile auch noch mit 1,5 Promille runterbeten könnten.

Warum der süßsauer eingelegte Hering seinen Weg ins Wendland gefunden hat, lässt sich leicht an dem dänischen Mini-Papierfähnchen erkennen, mit dem der Fischleib auf Henriettes Anweisung beflaggt und erst dann serviert wird. Nicht über die moderne Kunst an den Wänden, die sich bestens mit dem präparierten Hirschkopf und den Bataillonen aufgereihter Weinflaschen verträgt. Nicht über die angrenzende kleine Galerie, die in einer Garage untergebracht ist und zu deren Eröffnung wir eingeladen wurden. Eine Art deutschdänisches Joint Venture, bestückt mit Bildern von Henriettes Kunsthändler-Nichte aus Kopenhagen.

Wenn es darum geht, was Originelles auf die Beine zu stellen, dann sind Henriette und Christian, diese unschlagbare nordische Kombination, nicht zu bremsen. Zwei erwachsene Kindsköpfe um die fünfzig, die eine Art von Nichts-ist-unmöglich-Aura verströmen. Bei ihnen paaren sich Geschäftssinn und Pragmatismus mit einer »Laisser-faire«-Attitüde und dem Hang zu allerlei Verrücktheiten.

Als wir eines Freitagabends den Gastraum betreten, fällt uns die Kinnlade runter. Wir stehen einem riesigen ausgestopften kanadischen Bären gegenüber, der sich knapp drei Meter hoch in eindrucksvoller Drohgebärde vor der Theke aufbaut. Das unverwechselbare keckernde Lachen der Wirtin über mein dummes Gesicht klingt mir heute noch im Ohr. »Oh, mein Gott« ist alles, was mir angesichts der Bestie über die Lippen kommt. Das Raubtier, werde ich aufgeklärt, ist Henriettes Geburtstagsgeschenk für ihren Mann.

»Na, wie gefällt dir mein Swazer Riese?«, fragt sie mit diesem entwaffnenden Dänen-Akzent. Und es klingt, als wäre das Ding was ganz Normales, so was wie ein Schlips oder ein Pullover. Damit das Prachtexemplar richtig zur Geltung kommt, hat sie sogar einen Tisch entsorgt.

»Ist nicht slimm«, erklärt die Geschäftsfrau, »man muss auch mal Opfer bringen«, und keckert noch mal über den gelungenen Coup. Dann fragt sie uns: »Wie immer?« Wir nicken nur, und sie bringt Weißbier und eiskalten Pino Grigio.

Als wir nach dem Essen auf den Hof kommen, finden wir einen Brief auf dem Küchentisch. Unter der Überschrift »Einladung zum Frühjahrsputz« lesen wir: »Liebe Polkefitzer, es ist endlich Frühling, auf dem Dorfplatz blühen bereits die ersten Narzissen. Nun sollen am Samstag Hofrechen und Besen geschwungen werden, um die letzten Reste des Winters zusammenzukehren. Gemeinsam ist die Arbeit schnell getan, und für Getränke und Erbsensuppe ist auch gesorgt. Auf eine rege Beteiligung freuen wir uns.« Unterschrieben ist der Aufruf im Namen der Dorfgemeinschaft von einer Dame namens Carina.

Der Mann zuckt ergeben mit den Schultern. »Endlich mal wieder putzen!«

Als Paul auf ein Gläschen bei uns vorbeischaut, hat er ein verschmitztes Lächeln im Gesicht. »Die sind doch alle neugierig auf euch, und ihr könnt auf einen Schlag fast das ganze Dorf kennenlernen. Das solltet ihr euch nicht entgehen lassen.«

Am Samstag um 14 Uhr ist es dann so weit. »Warte auf mich«, rufe ich dem tapferen Mann hinterher, der sich bereits in Gesellschaft unseres Hofherrn mit einem Besen bewaffnet auf den Weg zum Dorfplatz macht. Ich schwinge mich auf Pauls Aufsitzmäher und tuckere hinter den beiden her Richtung dörfliche Grünfläche. Aus allen Hofeinfahrten strömen Menschen mit Reinigungsgerätschaften zum Ortszentrum, das aus einer runden

Rasenfläche, dem schon erwähnten hölzernen Bushäuschen und gepflasterten Wegen besteht. Ich komme mir ein bisschen vor wie bei der ersten Tanzstunde. Man beäugt sich, noch ein wenig scheu, stellt sich vor, redet übers Wetter. Dann legen wir los. Erwachsene und Kinder, Alte und Junge kehren den Schmutz des alten Jahres zusammen, Reste von Silvesterknallern, Papierfetzen, Laub.

Andere Stämme, andere Initiationsriten, fährt es mir durch den Kopf. In entlegenen Dschungeldörfern betäubt man sich mit Maniok-Likör, ritzt sich magische Symbole in die Haut und tanzt sich in Trance. Uns genügt das Hantieren mit Rechen und Besen, um in die Dorfgemeinschaft aufgenommen zu werden.

Ich kurve mit dem Mäher im Slalom um die Narzissen, als einer laut über den Platz ruft: »Der Nachbar hat seine Frau erschossen. Was ist das?« Ein anderer erwidert: »Unser Dorf soll schöner werden! Mensch, Kurt, den kennen wir doch schon.« Kurt grinst nur und schaufelt weiter Laub in die Schubkarre. »Ist aber immer wieder gut.«

Eine mollige ältere Frau – in geblümter Kittelschürze und praktischer grauer Kurzhaarfrisur, für die ein Igel Modell gestanden haben könnte – zieht einen Bollerwagen hinter sich her. »Erna kommt mit der Erbsensuppe!«, brüllt Kalauer-Kurt, »Schluss für heute!« Irgendwer hat auf dem von mir geschorenen Grün ein paar Biertische und Bänke aufgestellt.

»Was, du verdienst dein Geld mit Witzen?« Unser Hofnachbar lacht schallend, als er erfährt, dass der Mann, der soeben seine Hofeinfahrt gefegt hat, identisch ist mit der Person, die in einem Wochenmagazin seit Jahren Politikern komische Sprüche in den Mund schiebt. »Nee«, staunt er, »so wat auch! Da les ich das Blatt so lange schon – und jetzt sind wa plötzlich Nachbarn.« Er lässt einen Kronkorken knallen und drückt dem Pointen-Fabrikanten aus Hamburg die Flasche in die Hand. »Ich bin der Gustav.«

Es bilden sich »Männertische« und »Frauentische«. Erna füllt Erbsensuppe in die Teller, schaut über den Dorfplatz und lobt: »Alles wieder schön schier.« Schier, so lerne ich, ist ein Ausdruck höchster Anerkennung für Sauberkeit, Ordnung und Übersichtlichkeit.

Ich sitze nach dem ungeschriebenen Dorfgesetz in der Damenrunde, mit Gertrud, Hilde, Erna, Carina, Frieda, Sonja, Christine, löffle meine Suppe, trinke Kaffee und habe das Gefühl: Jetzt sind wir endgültig angekommen in Polkefitz.

Allein unter Fröschen

Dank moderner Computertechnik ist es relativ einfach, die Vorlieben und geheimen Sehnsüchte von Zeitgenossen zu erkennen. Ein Blick auf den Bildschirmschoner der Kollegen genügt schon, um zu wissen, wonach sich Menschen verzehren, wenn sie in ihren Bürowaben sitzen. Über die installierten Bilder offenbaren wir unsere wahren Passionen. Für Hollywood-Blondinen, Berggipfel, Traumstrände, das Hochseefischen, Bäume, Katzenbabys oder die eigene Brut.

Ich hatte mich in meinem Hamburger Büro für ein Korallenriff im Indischen Ozean entschieden. Hatte. Vergangenheit. Denn wenn ich heute den Computer hochfahre, sehe ich nicht mehr die azurblaue Lagune der Malediven-Insel Halaveli, vor deren Hausriff ich einst die Tauchprüfung bestanden und meinen ersten Walhai gesichtet habe. Ein Schnappschuss von Paul und Leo hat meinen exotischen Sehnsuchtsort vom Bildschirm verdrängt. Mein Arbeitsalltag beginnt jetzt mit einem Blick auf Herr und Hund, die ganz eng, Schulter an Schulter, auf der Gartenbank sitzen und, eingerahmt von einem Rosenbusch, verträumt in die Kamera schauen. Polkefitz ist es gelungen, auch mein Stadtleben zu unterwandern. Das malerische Motiv macht mir jeden Morgen gute Laune.

Doch nun erinnert es mich daran, dass ich am kommenden Wochenende zum ersten Mal alleine Hof und Hund hüten soll. Paul und Helena, die das Dorf so gut wie nie verlassen, haben spontan zwei Tickets gebucht. Nach Kreta, um dort eine Woche lang im Meer und in Jugenderinnerungen zu baden. Das Ziel ihrer Sehnsüchte ist ein kleines Fischerdorf an der Westküste. Also haben wir den beiden Last-Minute-Reisenden angeboten, in ihrer Abwesenheit nach dem Rechten zu sehen. Dummerweise muss der Mann ausgerechnet am Samstag zu einer wichtigen Sitzung und kann erst am Sonntag nachkommen. Und weil ich erst gegen Abend zum Hofsitting antreten kann, wenn unsere Freunde schon im Flugzeug sitzen, gibt Helena mir telefonisch ihre Instruktionen durch. Ich mache mir Notizen, wo das Hundefutter steht, was und wie viel ich füttern soll und wo ich – für alle Fälle – die Nummer vom Tierarzt finde. Die Töpfchen mit den Tomatensetzlingen, die in ihrer Küche auf dem Fensterbrett stehen, müssen jeden Tag ein paar Millimeter im Uhrzeigersinn gedreht werden und dürfen auf keinen Fall Wasser von oben bekommen. Dann weist sie mich noch darauf hin, dass Leo kein rohes Fleisch frisst, ich ihn ja nicht von der Leine lassen soll, wenn ich mit ihm den Hof verlasse, »sonst könnte es sein, dass er abhaut und mit seinem Sennhund-Kumpel Alex durch die Gegend streunt und Rehe aufscheucht«, und dass ich ihn für mein persönliches Sicherheitsgefühl bei mir im Haus schlafen lassen soll.

»Du wirst sehen«, sagt sie in verheißungsvollem Ton, »es ist etwas ganz Besonderes, allein auf dem Hof zu sein.« Sie selbst habe die wenigen Male immer sehr genossen.

Mir ist trotzdem etwas mulmig. »Du machst das schon«, versucht der Mann mich beim Abschied zu beruhigen, »sind ja nur zwei Nächte. Und Leo wird dich gut beschützen. Ich würde mir zwar nie einen Hovawart anschaffen, aber wenn's um die Wachsamkeit geht, sind die Burschen echt Spitze. Die wurden schließlich extra dafür gezüchtet, einsame Höfe gegen Diebe und Gesindel zu verteidigen. Deshalb haben sie ihren eigenen Kopf, gehorchen eher widerwillig, gehen aber jedem Eindringling sofort an die Waden.« Selbst er, der Hundeversteher, würde niemals einen Fuß auf ein Gelände setzen, wenn dort ein Hovawart frei herumliefe.

Ich erinnere ihn an unseren ersten Besuch. »Da hast du mich aber ohne die kleinste Vorwarnung auf den Hof gehen lassen.«

Er grinst.

»Damals wusste ich ja noch nichts von dem Vieh. Als wir früher in Polkefitz Musik gemacht haben, hatten sie einen großen russischen Terrier. Auch ein echter Klopper. Eine Stirn wie ein Kalb. Liebes Tier. Freute sich immer über ein paar zusätzliche Streicheleinheiten. Aber unser Gittarero hat sich jedes Mal fast in die Hose gemacht vor Angst.«

Als ich in Polkefitz ankomme, ist es dämmrig. Keine Hofbeleuchtung, kein Hund, der mir entgegenläuft, um mich zu begrüßen. »Unser Hausschlüssel liegt unter dem dritten Blumentopf, links von der Eingangstür.« Ich folge Helenas Anweisung und befreie meinen seit mehreren Stunden eingesperrten Beschützer. Dann fülle ich seinen Fressnapf und die Wasserschüssel, schnappe mir die Hundedecke und flüstere ihm ins Ohr: »Wir sind jetzt ein Team, Kumpel. Du schläfst heute Nacht bei mir und wirst dich anständig benehmen.«

Als ich mich auf den Weg nach nebenan zu unserem Haus mache, trabt der Vierbeiner hinter mir her, als ob er jedes Wort verstanden hätte.

Ich mache mir ein Käsebrot, schenke mir ein Glas eiskalten Rosé ein, entzünde die Kerze in einem Windlicht und trage alles raus auf die Hofterrasse.

Mein Bodyguard folgt mir auf Schritt und Tritt und lässt mich keine Sekunde aus den Augen. Es tut gut, ein Lebewesen um sich zu haben, auch wenn es nur die Körpersprache beherrscht. Ich fühle mich ein bisschen wie Robinson auf meiner einsamen grünen Insel. Lautlos und zielgenau wie Tarnkappenbomber jagen Fledermäuse ein paar Zentimeter über meinen Kopf hinweg. Es ist Abendessenszeit. Rund 4000 Insekten vertilgt ein einziges Mausohr bei jeder Mahlzeit. Ich wünsche allen radargesteuerten Flugakrobaten einen gesegneten Appetit. Eine fette Motte rumst gegen das Glas, in dem die Kerze flackert – und dann beginnt das Abendkonzert.

Sexhungrige Teichfrösche quaken ihr Begehren nach einem Partner zur Fortpflanzung in die Nacht. Der Lautstärke nach müssen es Hunderte sein. Ich stelle mir vor, wie ein cholerischer kleiner Frosch-Maestro auf seinem Schilfpodest steht und seine Musikanten zu höchster Präzision anspornt. Denn wie auf ein geheimes Zeichen verstummt die liebestolle Meute, um kurz nach dem Break auf den Takt genau wieder einzusetzen. Vermischt mit den Stimmen anderer nachtaktiver Tierchen, den Lauten der Vögel, dem Gesumm von Insekten, dem Schnaufen und Schreien sich paarender Igel und Katzen, klingt diese kleine Nachtmusik nach Dschungel und

Wildnis. Vielleicht ist es das, was Helena gemeint hat. Man ist ganz bei sich, lässt die Gedanken fliegen und genießt den magischen Moment, ein Teil dieses Mikrokosmos zu sein. Natur pur. Paarungsrituale, Jäger und Gejagte, fressen und gefressen werden.

Die Geräuschkulisse weckt Kindheitserinnerungen an Sommerferien bei meiner längst verstorbenen Tante Betty. Jahrzehnte habe ich nicht mehr an diese Zeit in dem kleinen Dorf in der Fränkischen Schweiz gedacht. Faszinierend waren diese naturnahen Wochen – und durchsetzt von vielen kleinen Schrecknissen. Vielleicht wurde damals der Boden bereitet für meine Empfindlichkeiten gegen Insekten und Kriechtiere aller Art. Wir verbrachten die sonnenwarmen Tage in einem riesigen, terrassenförmig angelegten Garten am Waldrand mit einem Swimmingpool ohne moderne Umwälzanlage, an dessen blau gefliesten Wänden sich die Larven irgendwelcher Wassertiere festgesaugt hatten. Libellen surrten durch die Luft, im Steingarten tummelten sich Eidechsen und Salamander.

Wir Kinder, meine Kusine, ihr Bruder und ich, schliefen in kleinen Holzkaten mit Alkovenbetten, die Erwachsenen residierten, Lichtjahre entfernt, im Haupthaus.

Mein Cousin Michael, eine echte Nervensäge, legte uns Mädchen Blindschleichen und Kröten unters Kopfkissen oder beschoss uns, hinter einem Busch lauernd, mit Erbsen aus seinem Blasrohr – und wartete mit einem frechen Grinsen auf seine Belohnung: unsere lauten, spitzen Schreie des Abscheus.

Eines Abends erklärte er mir, dass »Ohrwürmer« deshalb »Ohrwürmer« heißen, weil sie nachts, wenn wir schlafen, in unsere Ohren krabbeln. Von dort aus würden sie sich dann weiter vorarbeiten bis in unser Gehirn. Und dort legten sie dann Eier. Er war sieben, genauso alt wie ich, und ich glaubte ihm jedes Wort. Habe ich seitdem die Angewohnheit, in fremder Umgebung Kopfkissen und Bettdecke hochzuheben, bevor ich mich hinlege? Selbst in garantiert »Ohrwurm«-freien Zonen? Und eine Vorliebe für helle Bezüge, weil man ungebetene Gäste dann besser erkennt?

Leo hat sich erhoben und bellt in die Dunkelheit. Ich greife mir eine Taschenlampe und umrunde in seiner Begleitung einmal das gesamte 20 000 Quadratmeter große Gelände. Als wir uns dem Schwimmteich nähern, erstirbt der Froschgesang augenblicklich. Mit einem vielfachen Plitsch-platsch-Geräusch bringen sich die Amphibien in Sicherheit. »Komm«, sage ich zum Hund, »wir gehen jetzt schlafen.«

Und er zuckelt artig hinter mir her ins Haus.

Am nächsten Morgen weckt mich ein Kratzen an der Schlafzimmertür. Dann ein herzerweichendes Fiepen. Ich schaue auf die Uhr. Halb sieben. Eigentlich nicht die Zeit, zu der ich normalerweise am Samstagmorgen aus den Federn krieche. Ich kann nichts dafür, ich bin Träger des Eulen-Gens. Stehen alle Hunde so früh auf? Das einzige Haustier, das ich je besaß, war ein Goldhamster namens Mäxchen – und der war nachtaktiv. So wie ich. Es bleibt mir nichts anderes übrig, als mich aus dem Bett zu schälen. Als Entschädigung werde ich mit Liebesbekundungen überschüttet. Leo begrüßt mich, als wäre ich von einer wochenlangen Expedition endlich wieder nach Hause zurückgekehrt.

Ich lasse ihn raus und verspreche ihm als Dank für den Wachdienst einen langen Spaziergang.

Ein metallicblauer, wolkenloser Himmel weckt Hoffnung auf einen schönen Frühlingstag. Ein Tag wie geschaffen für Gartenarbeit. Zwischen den Hagebuttensträuchern, die einen blühenden Wall um unsere Hofterrasse bilden, sprießen Brennnesseln, mein buntes Blumenbeet, in dem Klatschmohn, Hortensien, Phlox und Ziersalbei wachsen, wird von der gemeinen Landplage Giersch bedroht, und aus den Ritzen zwischen den Terrassensteinen drängen Gräser, Huflattich und anderes Grünzeug dem Licht entgegen. Unkraut ist die Opposition der Natur gegen die Regierung der Gärtner.

Ob Platon, Rousseau oder Immanuel Kant, viele kluge Köpfe haben über Natur philosophiert. Doch ein chinesisches Sprichwort gefällt mir besonders gut: Willst du für eine Stunde glücklich sein, so betrinke dich. Willst du für drei Tage glücklich sein, so heirate. Willst du für acht Tage glücklich sein, so schlachte ein Schwein und gib ein Festessen. Willst du aber ein Leben lang glücklich sein, so schaffe dir einen Garten.

Jeder Gärtner ein Schöpfer. Zeige mir deinen Garten, und ich sage dir, wer du bist. Gärten sind immer auch Charakterbilder. Die Seele des Menschen spiegelt sich in dem von ihm angelegten Grün. Sein Gestaltungswille, seine Kreativität, seine geheimen Leidenschaften, aber auch seine Borniertheit, seine Krämerseele.

Der Garten von Paul und Helena zeugt von einer hohen Toleranz für die natürliche Flora. Die vor Jahrzehnten angepflanzten Bäume auf der Streuobstwiese, die blühenden Büsche, die Kletterrosen und Stauden dürfen wachsen, wie sie wollen. Gänseblümchen, Butterblumen und Löwenzahn bilden mit dem knalligen Rot der Mohnblumen und dem Blau der Katzenminze, die überall wie Unkraut wuchern, Farbtupfer im satten Grün. Nur ein Teil der Wiese wird regelmäßig zur Rasenfläche gestutzt, der Rest bleibt stehen. Ein Dschungel aus Gräsern, Kräutern und Wildblumen. »Gut für alle Bodenbrüter«, findet Paul.

Und außerdem: weniger Arbeit.

Was die Gartengestaltung angeht, halten wir es wie unsere Hofherren. Wir trotzen dem wuchernden Grün ein paar Quadratmeter ab, die wir, so gut es geht, von allem zu befreien versuchen, was dort unserer Meinung nach nicht hingehört. Wir unternehmen einige Anstrengungen, die unerhörte Triebhaftigkeit von Efeu und wildem Wein unter Kontrolle zu halten, damit Fenster und Türen nicht überwuchert werden. Allein damit sind wir gut beschäftigt. Es ist ein Kampf, der jedes Wochenende aufs Neue beginnt und den wir nie wirklich gewinnen.

Dabei soll Gartenarbeit das beste Mittel gegen Stress und Unruhe sein. Eine völlig neue Erfahrung für mich. Früher dachte ich, Menschen, die in der Erde wühlen, hätten einfach nichts Besseres zu tun. Ich hielt das Anlegen von Komposthaufen für eine Kompensation der inneren Leere. Kinder aus dem Haus, Mann gestorben, keine Lust auf Golf – also ab in den Garten. Welch grandiose Fehleinschätzung.

Neulich stieß ich bei einer Internetrecherche auf die Behauptung, »Gärtnern ist der neue Sex«. Vielleicht etwas überspitzt formuliert. Aber der Trend zum Grün ist da. Die Natur als große Verführerin. Als Circe, die uns verlockende Angebote macht. Auf dem Zeitschriftenmarkt, in der virtuellen Welt, im wirklichen Leben. Selbst in der Stadt sind Guerilla-Gärtner unterwegs, die heimlich und verbotenerweise auf öffentlichen Flächen Usambaraveilchen und Narzissen in die Erde setzen. Oder ein paar Unkrautsamen in allzu ordentliche Gartenanlagen werfen, um ihnen ein wenig Natürlichkeit zurückzugeben. Die Autorin geht in ihrer Abhandlung der durchaus interessanten Frage nach, ob die Virtualisierung des modernen Lebens stärkere Erdungen erforderte. Dafür spräche immerhin, dass ausgerechnet in der hippen Finanz-, Kultur- und Modehochburg London unter jungen Trendsettern Schrebergärten als »must have« gehandelt werden. Auf den Dächern der Wolkenkratzer in Manhattan haben New Yorker Naturfreunde Bienenvölker und Legehennen angesiedelt.

Selbst Hollywood-Stars zieht es in die Prärie. Kaum einer kommt mehr ohne Farm aus. Auf den Tellern: organic food. Am Leib: organic cotton. Selbst die Luxuskarosse in der Garage wird mit Biosprit gefüttert. Deutsche Schauspieler, Musiker und Medienschaffende treibt's von der Showbühne direkt auf ihre Biohöfe, wo sie Rinder, Pferde, Schafe züchten. Oder wenigstens ein paar Hühnern zu Glück verhelfen. Unter den prominenten Landeiern findet sich auch ein Fernsehkommissar, der – »allein unter Gurken« – das heimische Gemüsebeet zum Tatort erklärt.

Fest steht: Die Zahl der Bundesbürger, für die das Gartencenter zum natürlichen Lebensraum gehört, nimmt zu. Und unter uns Stadtneurotikern hat sich herumgesprochen, dass Hacken, Säen, Jäten und Rupfen als eine Art meditatives Anti-Stress-Programm sehr gut funktioniert. Sogar bei Menschen wir mir, die nicht mit einem »grünen Daumen« gesegnet sind und sich das Know-how erst noch erarbeiten müssen.

Tatsächlich belegen zahlreiche Studien die wohltuende Wirkung der Natur auf die körperliche und geistige Gesundheit des Homo sapiens. Angeblich genügt es schon, einem Angestellten in einem Großraumbüro das Bild eines Baumes zu zeigen – und schon sinkt sein Blutdruck. Und nach einer Operation brauchen Patienten, die vom Krankenzimmer aus auf Bäume schauen können, weniger Schmerzmittel als Patienten, die auf eine graue Hauswand starren.

Zwei Stunden später betrachte ich zufrieden mein hübsches sauberes Blumenbeet, inspiziere die violetten Knospen des Ziersalbeis und die zarten Blütenstängel des Mohns auf Befall von Ungeziefer. Aber es scheint alles in Ordnung zu sein. Dafür spüre ich einen prickelnden Schmerz auf meinen Armen. Ich schaue auf die roten Quaddeln und frage mich, ob eine Welt ohne Brennnesseln nicht doch lebenswerter wäre.

Leo, der die ganze Zeit faul und reglos im Schatten vor der Remise gelegen hat, konstatiert hocherfreut das Ende der Beet-Stunden. Er kommt angerannt und setzt sich erwartungsvoll vor meine Füße. Als ich zur Leine greife, wirbelt er wie ein Kreisel um mich herum und jault vor Freude.

»Sitz«, sage ich streng.

Er ignoriert den Befehl. Ich versuche es noch einmal. Ohne Erfolg. Das Biest springt vor mir her zum Tor. Das kann ja heiter werden, denke ich etwas beklommen. Doch schließlich gelingt es mir, den Irrwisch anzuleinen, und wir machen uns auf den Weg. Hund und Ersatz-Frauchen, zum ersten Mal allein unterwegs.

Um das Labyrinth der Pfade durch die umliegenden Felder und Wiesen zu erreichen, müssen wir zunächst durch den Ort. Der Hund schleift mich wie lästigen Ballast hinter sich her und entwickelt dabei eine solche Zugkraft, dass mir die Leine schmerzhaft in die Finger schneidet. Bloß nicht loslassen, denke ich mit hochrotem Kopf, während wir an den Häusern vorbeihecheln. Ich fühle mich zum hilflosen Hanswurst in einem entwürdigenden Schauspiel degradiert. Hoffentlich sieht uns keiner. Aber das größte Problem sind nicht die Menschen, die womöglich hinter einem Vorhang stehend Zeuge meines Autoritätsverlusts werden.

Polkefitz ist ein Hundedorf. Hinter jedem Gatter lauert ein Köter, meist männlichen Geschlechts. Testosteronfäden sabbernde Macker, die sofort mit zornigem Gekläff aufspringen, sobald wir ihr Revier passieren. Leo bellt zurück. Es hört sich aggressiv an. Rüde eben. Großmaul. Typisch Kerl. Schweißperlen treten mir auf die Stirn, und ich frage mich, ob das mit dem Spaziergang wirklich so eine gute Idee war. Sollte ich vielleicht besser den Rückzug antreten?

Bevor ich eine Entscheidung treffen kann, kommt uns eine rundliche Frau entgegen. Erna. Enten-Erna, wie sie von den Polkefitzern genannt wird, weil sie seit Jahrzehnten Moulard-Enten züchtet und verkauft. Und weil dann jeder sofort weiß, welche der beiden im Dorf lebenden Ernas gemeint ist. Die Wendländer haben ohnehin die Eigenart, Menschen mit Zusatznamen zu schmücken. Auf dem Gartenfest eines Malers wurde ich zufällig Ohrenzeugin eines aufschlussreichen Dialogs zwischen einem weiblichen und einem männlichen Gast.

Sie: »Bist du Manta-Bertie?«

Er: »Nein, ich bin Jäger-Willi.«

Sie: »Und wo ist Millionen-Sepp?«

Er: »Der sitzt da hinten, bei Sparkassen-Werner.«

»Tut gut, 'ne kleine Runde zu drehen, wat?«, ruft Erna uns schon von weitem zu, völlig unbeeindruckt von dem Flegelverhalten des Vierbeiners. Und als sich unser Weg kreuzt, bleibt sie stehen und meint: »Hab gehört, dass du allein bist auf dem Hof.« Sie legt mir mütterlich die Hand auf die Schulter. »Komm doch später auf einen Kaffee vorbei. Wenn du Lust hast. Ich wohn da hinten, das erste Haus am Dorfeingang.«

Ich nicke dankbar, kann gerade noch sagen: »Gern, bis nachher«, dann hat mich meine Zugmaschine schon fortgerissen.

Immerhin hat die kleine Unterbrechung in mir den Wunsch geweckt, meinen Führungsanspruch knallhart durchzusetzen. Ich werde es, verdammt noch mal, hinkriegen, mit einem doofen Hofhund Gassi zu gehen.

»Bei Fuß«, raunze ich, und einen kurzen Moment lang läuft das Tier lässig im Schritttempo neben mir her. Na also, geht doch!

Wir biegen in eine kleine Seitenstraße ein. Nur noch ein Haus, dann haben wir's geschafft. Ich atme erleichtert auf. Dann warten auf uns nur noch Kartoffeläcker, Raps- und Maisfelder und Wiesen. Doch als wir uns der letzten Hofeinfahrt nähern, bleibt mir fast das Herz stehen. Das Tor. Sperrangelweit offen. Im Eingang: ein Hund, kaum halb so groß wie das 45-Kilo-Kraftpaket an meiner Leine. Weit und breit ist kein Mensch zu sehen. Meine Herzfrequenz wird zum Trommelwirbel.

Der Kleine, eine Bracke namens Henry, wie ich später erfahre, pinkelt kurz an den Blumentopf mit Geranien, der neben einem Pfosten steht, trippelt aus seinem Hoheitsbereich und schnürt frech auf uns zu. Was dann passiert, geht so schnell, dass mich eine Art Schockstarre bewegungsunfähig macht. Leo stellt sich auf die Hinterläufe, springt ein paarmal knurrend und kläffend vor und zurück – und ich habe nur noch Leine und Halsband in der Hand. Ohne Hund. Endlich frei, stolziert der Macho mit hoch aufgerichteter Rute und gesträubtem Pelz auf den Artgenossen zu. Die beiden Kontrahenten stehen sich Schnauze an Schnauze gegenüber, wie festgeschraubt. Nach dem Motto: Wer sich zuerst bewegt, hat verloren. Dann, mit einem Satz, treibt Leo den Kleinen vor sich her, bis der endlich aufgibt und sich vor ihm in den Staub wirft.

Erleichtert stelle ich fest, dass Hunde sich offenbar zivilisierter benehmen als manche Schüler auf dem Pausenhof. Nachtreten ist nicht. Kein Blut fließt. Die Sache scheint erledigt. Leo hebt nur noch kurz das Bein und hinterlässt seine Visitenkarte am Geranientopf. Als der Sieger nach der eindrucksvollen Machtdemonstration wieder zu mir zurückkehrt und sich auch noch anstandslos das Halsband umlegen lässt, reift in mir die Überzeugung, dass wir von Hunden eine ganze Menge lernen können. Zum Beispiel, wie man sich Respekt verschafft – und unblutig Konflikte löst.

»Mackedanz« steht auf dem Email-Schild neben der blau-weiß gestrichenen Eingangstür. Noch bevor ich meinen Finger auf die Klingel drücke, höre ich von drinnen Erna rufen. »Komm rein, ist nicht abgeschlossen.« Schon als ich die Diele betrete, weht mir ein köstlicher Duft von Kaffee und frisch gebackenem Kuchen entgegen. Ich folge der Duftspur, die aus Ernas Küche kommt.

»Setz dich«, sagt sie und deutet auf die Eichenholzeck-bank, die um einen quadratischen Tisch läuft, »muss nur noch die Sahne schlagen.« Während sie, für ihre 76 Jahre und ihre Körperfülle erstaunlich behände, durch das Reich der Wohlgerüche wirbelt, habe ich Zeit, mich um-zuschauen. Alles in diesem gemütlichen Raum scheint Museumsreife zu haben. Die Töpfe und Pfannen, die an einem Gestänge über der Hexe hängen, der Spülstein, die Kredenz mit dem geschnitzten Aufsatz, die Fliesen auf dem Fußboden und um den Herd herum. Und die Bank, auf der ich sitze. Eine Zeitmaschine hat mich in ein an-deres Jahrhundert gebeamt.

»Kirschen vom letzten Jahr. Aus dem Garten.« Erna schaufelt ein gewaltiges Kuchenstück mit Sahnehaube auf meinen Teller und nickt mir aufmunternd zu. »Lass es dir schmecken.«

Auf ihrem rechten Arm entdecke ich eine Narbe, die vom Handgelenk bis fast zum Ellenbogen reicht.

»Da bin ich als junge Frau mal in die Holzquetsche ge-kommen, im Krankenhaus haben sie mir die Hand wie-der angenäht.« Dann sieht sie mein entsetztes Gesicht und meint: »Ist alles prima verheilt.« Und wie zum Be-weis greift sie in einen Korb und hält ein halbfertiges Babyjäckchen mit kompliziertem Muster in die Höhe. »Siehst du, ich kann sogar stricken. Für meine Enkel.«

Die Zeit vergeht wie im Flug. Erna erzählt, wie sie auf-wuchs auf einem Bauernhof, als ältestes von sieben Kin-dern. Wie sie schon in jungen Jahren lernen musste, mit anzupacken. Auf dem Feld, im Stall, beim Schlachten und Rupfen der Gänse und Hühner. Und: wie sie ihren Mann Heinz beim Feuerwehrball kennenlernte. Einen Auswärtigen. Einen gebürtigen Schlesier, in den sie sich beim Tanzen »auf'm Saal« so »richtig doll« verliebt hat. Wie ihr Vater die Heirat verbieten wollte und sie ihn »trotzdem genommen« hat.

»Mit meinem Heinz«, sagt sie und kriegt feuchte Augen, »das war Fügung. Er war ein guter Mann.« Bei der Post hat er gearbeitet, »weißt du, ich wollte gar keinen Bauern«. Seit zwei Jahren ist Erna Witwe. Ein Baum hat ihren Heinz erschlagen. »Beim Holzfällen im Wald ist das passiert. Er ist an seinen inneren Verletzungen gestorben.«

Sie wischt sich ein paar Tränen aus den Augen. »Als der Arzt kam, war er schon tot.« Nun ist sie für ihre drei Kinder und die Enkel da. »Eins ist unterwegs«, sagt sie und strahlt wieder, »es wird ein Mädchen.«

Die Küchenuhr tickt. Ein paar Fliegen kreisen über den Krümeln auf den Kuchentellern. Draußen gackert ein Huhn. Ich höre zu.

Was ihr guttut, eröffnet mir Einblicke in eine Parallelwelt. Ihre Geschichten erinnern mich an »Herbstmilch«, die Biographie der Bauerntochter Anna Wimschneider, die ich vor vielen Jahren verschlungen habe. Erst als Erna zur Flasche mit dem selbstgemachten Kirschlikör greift, um nachzuschenken, fällt mir auf, dass ich bereits seit fast drei Stunden in ihrer Küche sitze. Ich habe alles um mich herum vergessen. Sogar, dass der Hund seit geraumer Zeit auf sein Fressen wartet.

Ich bin schon fast zu Hause, als ich höre, wie hinter mir jemand meinen Namen ruft. Schnaufend kommt Erna angelaufen. »Hier, hab ich übers viele Erzählen doch glatt vergessen.« Sie drückt mir einen Teller mit Kuchen in die Hand. »Und weißt ja, wenn du Eier brauchst, jederzeit. Die legen gerade wie verrückt.« Ich bin gerührt und denke an meine heißgeliebte Mutter, die mir nach jedem Besuch auch immer ihre selbstgebackenen Köstlichkeiten mit auf den Heimweg gab.

Leo läuft auf mich zu, als ich den Garten betrete. Aber irgendwas ist anders als sonst. Rund um seine Schnauze entdecke ich merkwürdige rote Spuren. Blut? Hat er sich verletzt? Ich untersuche den Kopf, das Maul, kann aber keine Wunde finden. Weiter hinten auf dem Rasen sehe ist etwas liegen, was vorher noch nicht dort gelegen hat. Ich nähere mich vorsichtig. Und sehe: Ohren. Einen Kopf. Die blutigen Stümpfe von Beinchen. Der Hund läuft zu dem Kadaver. Schnüffelt. Kommt zurück. Meine Ermittlungen führen zu dem Schluss: Ein Kaninchen innerhalb eines eingezäunten Hovawart-Reviers ist ein totes Kaninchen. Bin ich schuld an dem Gemetzel? Musste das Häschen sein Leben lassen, weil ich nicht rechtzeitig zurück war, um den Hund zu füttern?

Mein Handy klingelt. »Na«, fragt der Mann, »alles in Ordnung bei euch da draußen?«

»Es gibt einen Toten«, stoße ich hervor, »sonst ist alles in Butter.«

»Was?« Der Schrei ist so laut, dass es mir in den Ohren weh tut.

»Leo hat ein Kaninchen gekillt. Hier bei uns im Garten.«

»Wie konnte das denn passieren? Ich denke, der mag kein rohes Fleisch.«

»So kann man sich irren. Er liebt sein Steak offenbar zuckfrisch. Jedenfalls tropfte ihm eben noch Blut aus dem Maul. Bin gespannt, was Helena dazu sagt.«

Schöner Mist

Der Mensch muss essen. Möglichst fettarm, eiweißreich und vitamingeschwängert. Ballaststoffe. Am besten fünf Portionen Obst und Gemüse täglich werden uns von den Ernährungsgurus als vernünftige Grundlage empfohlen. Aber muss man deshalb gleich selbst in die Grünzeug-Produktion einsteigen? Wozu sich die Mühe machen, Schnecken und andere Schädlinge auszutricksen, nur um ein paar selbstgezogene Salatblätter auf dem Teller zu haben? In allen Supermärkten, auch in ländlichen Regionen, wird mittlerweile Bioware angeboten. Es existieren Läden, die ausschließlich Obst und Gemüse aus dem Umland verkaufen. Oder man versorgt sich direkt beim Biobauern. Brot, Kartoffeln, Milch, Käse, Fleisch, alles ist in pestizidarmer Qualität zu haben. Salat in allen Variationen sowieso.

Aber der Mann an meiner Seite besteht auf einem Gemüsebeet.

»Das lohnt sich doch gar nicht, wenn wir nur an den Wochenenden hier sind«, versuche ich ihn umzustimmen. »Ein paar Kräuter, okay, Petersilie, Schnittlauch, Dill. Das reicht doch. Wer soll denn von Montag bis Freitag unsere Zuchtversuche gegen Fressfeinde verteidigen?«

Aber er hört mir gar nicht zu.

»Ein Hochbeet«, murmelt er vor sich hin, »das müsste funktionieren.«

Dann blättert er konzentriert in einer Schwarte mit handkolorierten Zeichnungen, die aussieht, als habe er sie in irgendeinem Antiquariat aus der Grabbelkiste gefischt.

»Was ist das?«, frage ich, »eine Gartenfibel aus dem Kaiserreich?«

Wortlos hält er mir das Buch unter die Nase, und ich lese: *Selbstversorgung aus dem Garten. Wie man seinen Garten natürlich bestellt und gesunde Nahrung erntet.* Von John Seymour. Beim Blättern der vergilbten, leicht modrig riechenden Seiten überfliege ich Abhandlungen, Erklärungen und Zeichnungen, die akribisch über Aufzucht und Pflege aller nur erdenklichen essbaren Pflanzen informieren. Einfach alles, was man wissen muss über Kümmel, Spargelklee oder die rotschotige Erbse, über Brokkoli, Bohnenkraut und Pimpinelle. Dazu Grundlagenwissen über die Ökologie des Bodens und die Unterschiede zwischen Dolden-, Lilien-, Gurken- und Nachtschattengewächsen. Nach diesem Buch zu urteilen, sollte sich der ernährungsbewusste Mensch vierundzwanzig Stunden am Tag mit Pflanzenpflege beschäftigen.

»Seymour«, klärt mich der botanisch bewanderte Mann auf, »ist die Bibel. Gehört in jeden Landhaushalt und ist unverzichtbar für die Planung des Nutzgartens.«

An seinem Gesichtsausdruck kann ich ablesen, wie sehr es ihn irritiert, dass ich den Namen, »ist doch Allgemeinwissen«, noch nie gehört habe. Während ich mein Erstaunen darüber, dass er ein solches Buch besitzt, hinter einer ahnungslosen Miene verstecke. Ich weiß zwar, dass er, lange bevor wir uns kennenlernten, schon einmal mit Frau und Kindern in einem Bauernhaus vor den Toren Hamburgs lebte, aber den Willen zum Drillen von Pastinake und Bleichsellerie habe ich bisher bei ihm noch nie bemerkt. Der Schöpfer hat ihn mit zahllosen Talenten ausgestattet, doch die Verarbeitung von Nahrungsmitteln, das Zubereiten von Speisen gehören nicht unbedingt dazu. Ich bin der Koch im Haus.

Der heimliche Pflanzenzuchtmeister erklärt nur: »Damals hatten alle Stadtflüchter das Buch im Regal stehen.«

Auch die Existenz von Hochbeeten war mir bisher unbekannt. Doch das Anlegen eines solchen ist beschlossene Sache.

»Du wirst schon sehen«, frohlockt der Mann, »wir werden wahre Jumbo-Radieschen ernten.« Dann macht er sich ans Werk und zimmert eine Brettkonstruktion, in der wie bei einer Torte Äste, Kompost und Erde in Lagen übereinandergeschichtet werden. Das schafft, so weiß der Selbstversorgungsträumer, ein äußerst stimulierendes Mikroklima. Ausgekleidet wird die Zauberkiste mit einem engmaschigen Drahtgeflecht, das die Wurzeln unserer Pflänzchen von unten schützen soll. »Davor«, brummt der Baumeister zufrieden, »wird jede Wühlmaus kapitulieren.« Zudem mache die äußere Wand aus rauen Bohlen jeden Schneckenangriff unmöglich. Unser Beet ist kein Beet, sondern eine Festung. Karotten kultivieren, so lerne ich, ist Krieg.

Mit Papier und Bleistift bewaffnet, setzt sich der Teilzeit-Bauer an den Gartentisch, fertigt eine Skizze unseres Zuchtgebiets an und malt die Positionen der Gemüse- und Kräuterbeete auf. Laut Plan werden wir in ein paar Wochen – oder Monaten? – Lauch, Schnittlauch, Petersilie, Basilikum, Borretsch, Salat, Radieschen, Erbsen, Zwiebeln und Karotten ernten können. Bis es so weit ist, darf ich weiterhin alles Nötige im Laden kaufen.

Seine Begeisterung ist ansteckend, und meine Bewunderung für sein Wissen über Stark- und Schwachzehrer wächst mit jedem Samenkorn, das wir in die Erde bringen. Zuletzt verteilen wir eine leckere Schicht gut abgelagerten Pferdemist über der Aussaat. Fertig. Welch ein Glück, dass die Pflanzenkiste noch eine weitere äußerst angenehme Eigenschaft besitzt: Man arbeitet in einer komfortablen Höhe von etwa 70 Zentimetern, so dass lästiges Bücken entfällt. Lob und Preis – für das Hochbeet und seinen Erbauer.

Doch architektonische Meisterwerke brauchen Publikum. Applaus. Breitenwirkung. Und so ist der Beetkonstrukteur glücklich über jeden Besucher aus der Großstadt, den er unter seiner kundigen Führung in den Garten schleppen kann, um das Bauwerk zu erklären und Anerkennung für die zarten grünen Spitzen »seiner« Keimlinge zu ernten.

Es kommt allerdings nicht allzu häufig vor, dass Menschen sich auf die Socken machen, um uns mit ihrer staunenden Anwesenheit zu beglücken. Was hauptsächlich damit zu tun hat, dass unser Freundeskreis sich in zwei Gruppen teilt. Die einen haben selbst ein Wochenenddomizil irgendwo zwischen Nord- und Ostsee, die anderen sind nicht motorisiert und scheuen den Aufwand, sich mit Kind und Kegel auf den langen Bummelzug-Trip in den entlegenen Landstrich zu begeben. Die Entdeckung der Langsamkeit ist eben auch nicht jedermanns Sache. Und dann gibt es noch die kleine Gruppe der Provinz-Phobiker, zu der ich vor nicht allzu langer Zeit auch mal gehörte.

»Das Landleben macht asozial«, nörgele ich manchmal. Aber nur ganz leise. Immer dann, wenn wir eine Gartenparty, ein Abendessen, ein Wochenend-Grillvergnügen in Hamburg absagen, um in Polkefitz die Radieschen zu wässern. Für den Mann dagegen bedeutet jeder Verzicht auf Smalltalk bei einem mehrstündigen gesetzten Menü-Marathon einen Gewinn an Lebensqualität.

»Morgen kommen Sebastian und Agnes«, sage ich betont beiläufig, als wir Freitagabend gemütlich im »Alten Haus« sitzen und unsere Spareribs verzehren. Mein gelassener Tonfall löst bei meinem Gegenüber eine gewisse Gereiztheit aus.

»Was für ein Sebastian? Kenne keinen, der so heißt.«

»Doch, kennst du«, säusele ich besänftigend. »Dr. Sebastian Kern. Wir haben ihn und seine Lebensgefährtin bei Wolf und Karin kennengelernt. Beim Gänseessen. Wir waren sogar schon mal bei ihnen zu Hause. Silvester, vor zwei Jahren. Die wohnen in dieser hübschen gelb-weißen Jugendstilvilla in Elbnähe. Er ist Orthopäde und hat deinem alten Kumpel Wolf die Bandscheiben repariert. Seitdem sind die beiden ein Herz und eine Seele.«

»Achso, Sebastian, ja, ja, hatte den Namen vergessen. Du lieber Himmel, dieser eitle Schwätzer. Was will denn der feine Knochenbrecher hier bei uns auf dem platten Land?«

»Ich habe ihn kürzlich zufällig an der Tankstelle getroffen.«

»Und hast ihn eingeladen?« Der Mann schaut mich

an, als hätte ich Graf Dracula zu einer Blutgruppenver-kostung in unser Allerheiligstes gebeten.

»Nicht direkt. Wir haben ein bisschen geplaudert, ich habe ihm eigentlich nur von Polkefitz vorgeschwärmt, um ihm zu erklären, warum wir Wochenendeinladun-gen kaum noch annehmen. Da meinte er, eine kleine Landpartie wäre genau das Richtige für diesen Samstag. Da kann ich doch nicht nein sagen. Er ist übrigens vor ein paar Monaten zum ersten Mal Vater geworden.«

»Auch das noch. Der ist doch bestimmt einiges über fünfzig. Das arme Kind.« Er nimmt einen Schluck Bier und wettert: »Typischer Fall von Accessoire-Baby, wie schrecklich. Kind alter Eltern – schlimmes Schicksal.«

In seinen Vorlieben und Abneigungen ist der Mann an meiner Seite, nun, sagen wir mal, eindeutig. Und eindeu-tig heißt in diesem Fall, dass auf seiner Sympathie-Ma-trix Leute aus dem Kosmos eines Dr. Kern wenig bis gar keine Pluspunkte aufzuweisen haben. Außerdem ist er so ziemlich gegen alles, wofür normale Menschen schwär-men: Fußball, Eiscreme, Shoppen, Grillen, Faulenzen am Strand. Seine Welt teilt sich in »geht« oder »geht gar nicht«. Schwarz oder weiß. Gut oder böse. Barfuß oder Lackschuh. Wenn er jemanden mag, ist er der charman-teste, liebenswürdigste, amüsanteste Gastgeber der Welt. Doch wer in einer geschmackvoll durchdesignten Welt lebt, in Restaurants aus der Abteilung »kühle Gefühle« speist und den Nachwuchs in Baby-Dior-Stramplern spazieren führt, hat bei ihm schlechte Karten.

»Du bist ungerecht«, schimpfe ich, »wir kennen die beiden doch kaum. Eigentlich sind sie sehr nett. Und wer weiß, vielleicht hast du auch irgendwann mal Rücken-probleme. Dann weißt du wenigstens, wo du hingehen kannst. Es gibt wirklich Schlimmeres, als einen Wirbel-spezialisten im Bekanntenkreis zu wissen. Du wirst deinem Freund Wolf eines Tages noch dankbar sein.«

»Ach der«, grummelt der Mann, »ich mag den Chaoten, wir sind schon seit Ewigkeiten befreundet, aber Menschenkenntnis gehörte noch nie zu seinen hervorstechenden Eigenschaften.«

Seine Miene hellt sich ein wenig auf, als er hört, dass unser Besuch – »endlich mal 'ne gute Nachricht« – nach dem Kaffeetrinken wieder in die Stadt zurückfahren will. Dann ringe ich ihm das Versprechen ab, sich mit despektierlichen Äußerungen über spätes Kinderglück zurückzuhalten, und wir einigen uns darauf, dem Karrierepärchen samt Nachwuchs einen idyllischen Nachmittag auf dem Land zu schenken.

Am Samstagmorgen, nachdem sich der Frühnebel verzogen hat, scheint die Sonne. Nur ein paar hübsche Wattewölkchen treiben als weiße Tupfen am tiefblauen Himmel. Petrus ist auf meiner Seite. Mich hat der Ehrgeiz gepackt – warum eigentlich? –, unserem Besuch vorzuführen, dass Perfektion auch jenseits der Elbvororte zu Hause ist. Ihre Villa in Hamburg kann man ohne Übertreibung ein Vorzeigeobjekt stilvollen Wohnens nennen. Die Fassade: makellos. Im Innern: ein gelungener Mix aus Antiquitäten und modernem Design unter fachmännisch restauriertem Stuck. Alles höchst geschmackvoll kombiniert, von der Hightech-Edelmetall-Küche über die Kunst an den Wänden bis zu den silbernen Messerbänkchen. Ich würde dort sofort einziehen. Doch leider ist ein solches Jugendstiljuwel für normale Arbeitnehmer ohne Millionenerbe nicht erschwinglich.

Bei uns in der Stube steht ein altes Biedermeiersofa mit verblichenem Blümchenmuster vom Flohmarkt, die Räume und Wände ziert das, was wir irgendwann mal geerbt und aus dem angemieteten Verlies befreit haben, darunter eine geschnitzte Wanduhr, ein Ohrensessel, der dringend neu bezogen werden müsste, und ein Ölschinken, auf dem eine düstere Waldlandschaft zu sehen ist. Dazu das hübsche, wurmstichige Mobiliar, das schon ewig zum Haus gehört. Nichts passt hier zusammen, und doch entfaltet dieses Patchwork-Inventar einen, wie ich finde, eigenwilligen Charme. Ich will, dass unseren Besuchern die Augen übergehen, dass sie mit allen Sinnen die extravagante Schönheit unseres ländlichen Refugiums in sich aufsaugen, dass sie ihren Messerbänkchen-Lifestyle vergessen und völlig verzaubert wieder nach Hause fahren. Vielleicht in dem Bewusstsein: Eden liegt eben doch jenseits der Elbe.

Schnell fege ich noch ein paar Hundehaare vom Teppichläufer, gehe mit dem Staubwedel durch die Ecken, stelle den Rosé-Champagner kalt und arrangiere einen Strauß weißen Flieder in einem Tonkrug.

Jetzt die Käsetorte. Ein Rezept meiner Großmutter, mit zehn Eiern und einem halben Liter Sahne. Die Kalorienbombe ist mein Paradestück. Eine sahnige, schaumige, fluffige Versuchung, der sich selbst Kuchenverächter nicht entziehen können.

Die Kaffeetafel ist gedeckt mit meinem »feinen« Service, dem mit dem Streublümchenmuster aus dem Nachlass meiner Tante Inge, als Tisch-Deko habe ich Gänseblümchen und Rosenblätter verstreut und die kleinen handbestickten Servietten mit Gräsern zusammengebunden, in denen jeweils ein Fliederzweig steckt. »Sehr

hübsch«, lobt der Mann. »Sieht aus wie eine Doppel-
seite aus *Home & Garden.*« Ich überhöre den leisen
Spott und bitte ihn, seine schäbige Gartenkluft gegen
eine saubere Hose und ein kleidsames Poloshirt zu tau-
schen.

Das Klingeln des Handys mischt sich mit Gebell. »Ich
glaube, hier sind wir richtig«, dringt eine zerhackte
Männerstimme an mein Ohr. Das mangelhaft funktionierende Mobilfunknetz lässt noch den Halbsatz »Könn-
tet ihr mal den Hund ...« durch.

»Schon unterwegs«, rufe ich in das knisternde Handy.
»Bleibt, wo ihr seid. Wir holen euch ab.«

Vor dem Tor parkt ein nachtblauer SUV. Der Mann
hält den aufgeregten Vierbeiner am Halsband fest, damit die Begrüßung nicht gleich in die Hose geht.

Eine blütenweiße Hose, in der zwei lange, schlanke
Beine stecken. Agnes ist ein echter Hingucker. Das, was
man normalerweise als Trophy-Frau bezeichnen würde.
Blonde lange Haare, Stupsnase im ebenmäßigen Gesicht, Zähne wie Perlen und kein Gramm Postschwan-
gerschaftsfett auf den Hüften. Dass sie zweiundvierzig
ist, würde man nicht einmal dann glauben, wenn sie
einem ihren Personalausweis unter die Nase halten
würde. Mit einem bezaubernden Siegerlächeln schwebt
sie auf pinkfarbenen Slippern, passend zum Vichy-Karo
ihrer Bluse, durch die Pforte, drückt mir einen Strauß
Freilandrosen in den Arm, macht einen kleinen Bogen
um den Hundehalter und wirft ihm eine Kusshand zu.

Hinter ihr, mit dem Babykörbchen in der einen und
einem Päckchen in der anderen Hand: Dr. Sebastian
Kern. Ein drahtiger, dünner Mann von geschätzten 1,70
Metern und damit etwa fünf Zentimeter kleiner als

seine Gefährtin. Der passt vielleicht sogar, ohne sich den Kopf anzuhauen, durch unsere Tür, denke ich unwillkürlich.

Die fünfundfünfzig Lebensjahre – verbunden mit einer genetischen Disposition – haben dem Doktor bereits tiefe Geheimratsecken in den erdbeerblonden Flaum gefräst. Kompensiert wird das kleine Manko durch ein topmodisches Titan-Brillengestell, das die Aufmerksamkeit vom schütteren Haupthaar auf die schicke Sehhilfe lenkt. Und auf die wie große Glasmurmeln dahinterliegenden grünblauen Augen. Die vollen weichen Lippen bilden einen anziehenden Kontrast zur energischen, männlich markanten Kinnpartie. Weder Haarverlust noch Kleinwüchsigkeit haben es geschafft, einen Schatten über das Selbstwertgefühl des Knochen-Docs zu legen. Beruflicher und privater Erfolg formten ihn zu einem leutseligen Charmeur, dem es leichtfällt, Menschen für sich einzunehmen. Weibliche ganz besonders. Er liebt Publikum und besitzt die Fähigkeit, scheinbar mühelos über Gott und die Welt zu plaudern. Aber er kann auch anders. Ich weiß aus eigener Anschauung, dass er die Damenwelt mit einem ganz einfachen Trick bezirzt: zuhören. Frauen, das ist ein Naturgesetz, lieben Männer, die an ihren Lippen kleben. Dann verzeihen sie sogar kurzfristiges Abschweifen zu Langweiler-Themen, ertragen klaglos Lamenti über die Abrechnungsmodalitäten im Praxisalltag, die lähmende Gesundheitspolitik oder die üblen Machenschaften der Kassenärztlichen Vereinigung.

Ich muss an das Hähnewettkrähen in Beutow denken. Da gewinnen auch immer die Kleinsten. Die Antwerpener Bartzwerge krakeelen sich regelmäßig aufs Siegertreppchen und verweisen mit ihren Krähkünsten jeden Großgockel in seine Schranken.

»Sebastian«, hatte mir Wolf irgendwann mal anvertraut, »kriegt jede Frau, die er haben will. Es kommt immer auf die Strategie an, dann klappt's auch mit der Eroberung.« Angeblich habe er seine Agnes vom Helikopter aus mit Rosenblüten beregnen lassen. Kleine Geburtstagsüberraschung. Wer könne zu einem solchen Mann schon nein sagen.

»Herrlich habt ihr es hier«, ruft Dr. Kern gut gelaunt und präsentiert uns dann, ganz stolzer Erzeuger, das Körbchen, in dem der Stammhalter poft. »Darf ich vorstellen, Kurt, unser Sonnenschein. Fast sieben Monate alt. Eigentlich sollte er Felix heißen, aber Agnes ist Wallander-Fan und hat sich durchgesetzt.«

Wir sind erstaunt. Hatten wir doch im Vorfeld auf einen Thorben, Jan-Malte oder Maximilian gewettet. Aber Kurt? So heißt auch der Hund von Karwinkels hier im Dorf. Vielleicht gehört Frau Karwinkel ja auch zum Kreis der leidenschaftlichen Henning-Mankell-Leserinnen. Beim Betrachten des Körbcheninhalts stellen wir eine weitere Besonderheit fest: Das Baby weist eine verblüffende Ähnlichkeit mit Alfred Hitchcock auf, womit bewiesen wäre, dass auch sehr schlanke Menschen sehr dicke Kinder haben können. Pflichtschuldig bewundern wir den friedlich schlummernden Bonsai-Hitch.

Der Mann verkneift sich sogar seinen Lieblingssatz, den er normalerweise nicht mal seinen beiden abgöttisch geliebten erwachsenen Kindern aus erster Ehe erspart: »Ich mag Kinder, aber erst dann, wenn man mit ihnen ein Bier trinken gehen kann.«

Agnes tänzelt auf ihren »Basti« zu und flötet: »Ich nehm den Kleinen, Schatz, hol du doch bitte die anderen Sachen.« Worauf der stolze Vater dem Hundehalter mit den Worten »Nur ein kleiner Gruß aus der weiten Welt« ein Päckchen überreicht und sich sofort daranmacht, Unmengen von Tüten und Körben mit Babywindeln, Decken, Jäckchen, Hemdchen, Höschen und Fläschchen Richtung Haus zu schaffen.

»Bist du sicher, dass sie heute wieder fahren wollen?«, raunt mir der Nörgler an meiner Seite leise zu.

Ich verdonnere ihn mit einem eisigen Blick zum Schweigen.

»Mein Gott, wie putzig«, zwitschert Agnes und dreht sich in unserer Stube anmutig einmal um die eigene Achse. »Wäre so ein Wochenendhäuschen nicht auch was für uns, Schatz? So ein Ohrensessel steht auch noch bei uns auf dem Speicher.«

Sebastian nickt begeistert, während er sich daranmacht, unseren Wohnraum zum Wickelzimmer umzubauen. Sogar ein Klappbettchen haben sie dabei. Als alle Utensilien stehen, hat man den Eindruck, bei einem wohlsortierten Babyausstatter gelandet zu sein.

»Agnes hat schon abgestillt«, erfahren wir, »sie ist ja seit kurzem wieder im Job.«

»Und das Kind?«, entfährt es mir.

»Ist im Hort, bis vier. Dann hole ich ihn ab. Oder unser Au-pair. Klappt prima. Agnes arbeitet ja für eine Unternehmensberatung und ist oft im Ausland unterwegs.«

»Die ersten Nächte waren schrecklich.« Die doppelbelastete Mutter verdreht die Augen. »Ich dachte schon, wir haben so ein Brüll-Baby.« Sie beugt sich über das Körbchen. »Aber jetzt schläft unser Süßer zum Glück durch. Ich hab nur Angst, wenn die ersten Zähnchen kommen. Dann raubt er uns hoffentlich nicht wieder die Nachtruhe.«

Ich schaue in das versteinerte Gesicht des Hausherrn und schicke ein stummes Gebet gen Himmel, dass er nicht ausspricht, was er denkt.

»Lasst uns einen Rundgang machen«, schlage ich eilig vor, um die Explosionsgefahr zu bannen. Der übelgelaunte Mann stapft schon mal voraus. Selbst seine Rückseite ist ein einziger Vorwurf gegen die Verursacherin dieses Nachmittags. Ich weiß, er würde mir am liebsten den Hals umdrehen. Zum Glück ist der Orthopäde nicht in der Lage, einen genervten Rücken zu diagnostizieren.

Unsere Gäste sind bester Stimmung. Begleitet von Ausrufen ehrlichen Entzückens durchwandern wir das weitläufige Gelände. Über die Blumenwiese zum Hochbeet, auf dem schon erste Salatblätter, Karottengrün und Kräuter Eindruck schinden. Agnes, deren weiße Hose bereits einige Schmutzspuren aufweist, scheint hingerissen. »Wir sollten uns von unserer Gärtnerei auch so ein Beet anlegen lassen, Schatz. Dann hättest du zum Kochen immer frische Kräuter aus dem Garten.« Sebastian findet die Idee großartig.

Als wir uns unter nicht enden wollenden Komplimenten und Beifallsbekundungen dem Schwimmteich nähern, höre ich das Tuckern eines Dieselmotors. Und dann rieche ich es. Ein infernalischer Gestank wabert vom angrenzenden Feld zu uns herüber. Plate! Ich sehe den Traktor mit der Güllewanne gemächlich über die Scholle pflügen. Schöner Mist!

Warum, verdammt noch mal, muss unser Nachbar ausgerechnet jetzt, am Samstagnachmittag, seinen Acker düngen? Nach der Schärfe des Geruchs zu urteilen, handelt es sich um Hühnerscheiße. So ziemlich der fieseste olfaktorische Kampfstoff, über den Bauern verfügen. Agnes rümpft das Näschen, Sebastian nuschelt irgendwas von »würziger Landluft«, das Baby ist aufgewacht und schreit. Der Mann an meiner Seite sagt gar nichts und grinst in sich hinein.

Ich denke an meine hübsche Kaffeetafel und bin sauer. Es stinkt so bestialisch, dass man am liebsten sofort das Atmen einstellen würde.

»Wir hätten euch ein paar Gasmasken als Gastgeschenk mitbringen sollen«, meint Sebastian und lacht donnernd. Agnes flieht mit ihrem schreienden Sohn ins Haus. »Vielleicht sollten wir zum Kaffeetrinken lieber reingehen«, schlage ich vor. Doch Sebastian reagiert erstaunlich lässig. »Ach was, wer wird denn vor so einem bisschen Land-Odeur davonrennen. Was meint ihr, was ich in meiner Praxis manchmal unter die Nase kriege. Da duftet auch nicht jeder nach Chanel.«

Wie narkotisiert sitzen wir unter der beißenden Gestanksglocke. Meine schöne Torte, der Kaffee, selbst der Champagner danach hinterlassen einen Geschmack von Geflügelkacke auf Zunge und Gaumen. Das Treckergeräusch ist verstummt, dafür zerfetzt wenig später eine Kreissäge unsere Hörnerven.

Seltsamerweise scheint der Querulant an meiner Seite inmitten dieser stinkenden Kakophonie seine gute Laune wiedergefunden zu haben. Mit fröhlich funkelnden Augen zieht er, wie ein Magier, der Tauben und Kaninchen aus dem Hut zaubert, eine amüsante Trumpfkarte nach der anderen aus seinem Fundus komischer Geschichten. Natürlich trägt er auch einen seiner Lieblingswitze vor:

»Ein Mann spaziert kurz nach seinem fünfzigsten Geburtstag durch den Wald. Plötzlich entdeckt er auf dem Weg vor sich einen Frosch. Der Frosch fängt an zu sprechen. ›Ich bin eine verwunschene Prinzessin. Wenn du mich küsst, dann werde ich erlöst. Und ich werde dich lieben, wie du noch nie geliebt worden bist. Jeden Tag. Morgens, mittags und die ganze Nacht.‹ Der Mann bückt sich, hebt den Frosch auf und steckt ihn wortlos in die Tasche. Aber der hört nicht auf zu schreien: ›Ich werde dich lieben, rund um die Uhr. Warum küsst du mich nicht endlich?‹ Da sagt der Mann: ›In meinem Alter hat man lieber einen sprechenden Frosch.‹«

Sebastian lacht sich schlapp, Agnes bemüht sich um Haltung – und ich verstehe die Welt nicht mehr.

Schließlich drängt die Karrierefrau und Mutter zum Aufbruch. Sie würden ja so gerne noch länger bleiben, »es ist so herrlich urwüchsig hier draußen«, aber sie müsse am nächsten Tag in aller Herrgottsfrühe raus, um einen Termin für die kommende Woche vorzubereiten.

»Das ist aber schade«, lügt der Stänkerer an meiner Seite, ohne rot zu werden, »das nächste Mal müsst ihr unbedingt über Nacht bleiben.«

Als sie weg sind, entdecken wir das Päckchen. Über Gülleschwaden und Kreissägenlärm haben wir völlig vergessen, es auszupacken. »Noch ein Fauxpas«, sage ich säuerlich, als der Mann das Band aufknotet und den Inhalt aus dem Papier schält. Dann hält er zwei Brettchen aus Kunststoff hoch. Das eine mit dem aufgedruckten Stadtplan von Paris, das andere mit dem von Manhattan. Sein knapper Kommentar: »So frühstücken Kosmopoliten. Da – Paris ist für dich.«

Nach dem vergeigten Nachmittag habe ich das dringende Bedürfnis nach einem Spaziergang. Allein. Ich laufe über die Feldwege und pumpe die würzige Luft in meine Lungen. Dank einer frischen Brise ist der Güllegestank fast schon verflogen. Auf einer Wiese balzt ein Kranichmann um die Gunst eines Weibchens. Sein Liebeswerben klingt wie eine Klage. Vielleicht hat ja auch eine Kranichfrau irgendwann mal die Faxen dicke und will nur ihre Ruhe.

Auf dem Rückweg zum Haus sehe ich von fern den Mann und Plate auf dem Dorfplatz stehen. Sie reden – und lachen. Eine Weinflasche wandert zum Güllefahrer. Beim Umdrehen reckt der Wochenend-Polkefitzer noch mal den Daumen in die Höhe, dann schlendert er gemächlich zu unserer Gartenpforte.

Das darf doch nicht wahr sein ...

Der aufkeimende Verdacht lässt mir keine Ruhe.

»Gib es wenigstens zu«, sage ich leise, während ich in der Küche stehe und Salat putze. Hinter meinem Rücken höre ich ein zaghaftes »Was denn?«

»Du weißt genau, was ich meine.«

Ich drehe mich um und schaue ihm direkt in die Augen.

»Plates Gülle-Aktion ist doch auf deinem Mist gewachsen. Ich habe euch gesehen, eben auf dem Dorfplatz. Das war ja wohl eindeutig. Wie kannst du nur?«

»Wieso denn?«

Für seine gespielte Unschuldsmiene hätte er einen Oscar verdient.

»Gustav musste sowieso Dünger fahren ...« Pause. »Früher oder später.« Dann prustet er los und stammelt mit hochrotem Kopf: »War doch ein super Timing! Die kommen bestimmt so schnell nicht wieder, Schatz!«

Ich drehe mich um, damit er es nicht sieht. Aber es hilft nichts. Das unterdrückte Lachen kitzelt mein Zwerchfell, bis ich es nicht mehr aushalte. Ich muss es rauslassen. Wir schauen uns an und glucksen in immer neuen Wellen den gesamten angespannten Nachmittag nieder.

Als wir beide wieder zu Atem gekommen sind, meint der Mann: »Aber eins musst du mir versprechen. Lass dich nie wieder an der Tankstelle von jemandem aus Wolfs Bekanntenkreis in ein Gespräch über Polkefitz verwickeln.«

Das kleine Schwarze

»Hast du dir schon mal überlegt, ganz aufs Land zu ziehen?« Die Frage der jungen Kollegin kommt ganz arglos daher. Ohne jeden Hintergedanken. Doch bei mir schrillen die Alarmglocken. Reflexartig. Trage ich bereits den Stempel »Landei« auf der Stirn? Kommt mir die großstädtische Coolness abhanden? Werde ich nachlässig in der Pflege dieser unter Medienleuten ganz besonders verbreiteten Heute-hier-morgen-dort-Attitüde? Mal eben kurz für ein Dreißig-Minuten-Interview mit einem Hollywood-Star nach Rom, nach London, nach L. A. oder zu einem Spielfilm-Drehort in die afrikanische Savanne. Dazu Freunde rund um den Globus. Mehrsprachig. Auf allen Flughäfen und Shoppingmeilen der Welt zu Hause. Schwimmt hier gerade mein kosmopolitisches Selbstverständnis den Bach runter? Strahle ich vielleicht aus, dass mich die große weite Welt immer weniger interessiert?

»Ich bin auch auf dem Dorf aufgewachsen«, fährt die Kollegin ungerührt fort.

Wieso auch?

»Ist schön für Kinder. Aber dort leben?« Sie schüttelt sich. »Da möchte ich nicht mal tot überm Zaun hängen.«

Sie ist jung, denke ich. Nicht mal dreißig. Könnte meine Tochter sein. Ist doch klar, dass sie sich lieber die

Nächte in angesagten Clubs um die Ohren haut, als den Liebesgesängen von Nachtigallen und Teichfröschen zu lauschen. Alles eine Frage des Alters. Der Reife.

Aber sie hat es geschafft, dass ich ins Grübeln gerate. Wäre das Wochenendrefugium tatsächlich alltagstauglich? Auch in den langen, trüben Wintermonaten? Oder würde es ganz schnell seinen Sahnehäubchen-Charme verlieren? Was würde übrig bleiben von meiner Euphorie? Wäre es so, als ob man den Geliebten plötzlich zum Ehemann nähme? Mit allen nervtötenden Konsequenzen? Jedes Mal aufs Neue verspüre ich Vorfreude während der anderthalbstündigen Fahrt, ein Prickeln wie vor einem Rendezvous. Das würde sicher wegfallen. Was würde ich dafür gewinnen?

In wenigen Monaten sind mir Haus, Garten, Hund und Halter, unser Dorf und seine Bewohner so ans Herz gewachsen, dass ich mir ein Leben ohne sie gar nicht mehr vorstellen kann. Eine quasi über Nacht entflammte Passion. Vielleicht lässt sich das Geheimnis einfach so erklären: Es ist eine Liebesbeziehung, keine Zwangsgemeinschaft. Ein Flirt mit dem Unbekannten. Und wie das so ist bei Frischverliebten, sehe ich galant über alle kleinen Mängel hinweg. Dem natürlichen Charme dieses Landstrichs so zu verfallen ist mir nur möglich, weil ich die Wahl habe. Die magische Formel lautet: Ich will, aber ich muss nicht. Ich bin ein Teilzeit-Lover. Ohne diesen Auf-immer-und-ewig-Anspruch. Dankbar für ein paar schöne, möglichst stressfreie Schäferstündchen. Und für den Luxus, mich nicht entscheiden zu müssen zwischen der einen oder der anderen Lebensform. Ist wohl das beste Rezept, um die Sehnsucht zu schüren.

Jahrelang hatte ich – von meinen Reisen abgesehen – wenig Berührung mit Natur. Das mag der Grund dafür sein, warum ich selbst Kleinigkeiten wie schwarz-weiß gestreifte Nacktschnecken oder einen Blütenteppich aus Buschwindröschen auf dem Waldboden mit Staunen zur Kenntnis nehme. In der Stadt lassen sich die Jahreszeiten hauptsächlich an den Outfits, den wechselnden Modefarben und der Gästedichte in den Straßencafés erkennen.

Erst seit ich mich außerhalb von Straßenschluchten bewege, geben Frühling, Sommer, Herbst und Winter einen ganz anderen Takt vor. Und jede Phase hat ihren eigenen Soundtrack. Vielleicht schlummert in mir ja auch ein kleiner Charles Darwin. Ein Naturforscher-Gen, von dem ich bislang nichts ahnte.

Zwischen März und Oktober fühle ich mich wie auf einem Logenplatz in meinem Privatzoo. Auf dem Programm: ganz große Oper. Manche unter den Hauptdarstellern haben einen Migrationshintergrund. Sie legen Tausende von Kilometern zurück, nur um ihren Auftritt bei uns nicht zu verpassen. Es ist immer wieder aufs Neue ein faszinierendes Schauspiel, die Präzision natürlicher Vorgänge hautnah mitzuerleben. Und auf Schritt und Tritt zu erkennen: Die Natur ist uns Menschen haushoch überlegen. Ein Tatbestand, den ich demütig und staunend zur Kenntnis nehme.

Vor allem im Frühjahr, wenn am Himmel über uns die Hölle los ist. Wenn die riesigen Formationen der Schwarmvögel über unseren Köpfen kreisen und nach einer geeigneten Landepiste Ausschau halten. Hochbetrieb. Wie auf einem internationalen Großflughafen. Die Wildgänse und Kraniche, die Störche und Reiher brauchen weder Funkfeuer noch Lotsen für ihre perfekten Manöver. Die Kommunikation zwischen den einzelnen Reisegruppen läuft dank eingebauter Navigationstechnik wie am Schnürchen. Touchdown auf der Lieblingswiese vom letzten Jahr. Die Balz-Show kann beginnen.

Mit meinem Fernglas beobachte ich auch das Falkenpaar, das sein Nest in einer alten Eiche gebaut hat und aufgeregt die Brut gegen Elstern verteidigt. Oder die Schwalben, die einen Seeadler attackieren und aus ihrem Revier vertreiben. Ein Luftkampf David gegen Goliath.

»Eine Redakteurin mit Vogel-Diplom«, ulkt der Mann an meiner Seite, als er mich mit meinem neu angeschafften ornithologischen Bestimmungsbuch auf den Knien beobachtet. »Fachwissen über Sumpfohreulen und Grasmücken, das nenne ich Zusatzqualifikation.«

Überall tobt das Leben. Hinter dem dichten Blättervorhang aus wildem Wein summt es tausendfach. Der Artenreichtum unserer ortsansässigen Tierpopulationen würde jedes Robin-Wood-Herz höherschlagen lassen. Tag- und Nachtpfauenaugen, Bläulinge, Zitronenfalter, Eichenzipfelfalter, Dukatenfalter, Breitflügelspanner, Libellen in allen Größen und Regenbogenfarben, Wollbienen, Hummeln, Schlupfwespen, Blattwespen, Grashüpfer, Maikäfer, Junikäfer, Hirschkäfer, Mistkäfer, Marienkäfer mit großen und kleinen Punkten, grüne Perlaugen, Laubfrösche, Erdkröten und kleine rotschwarzgesprenkelte Krabbler, die ich nach intensiver Recherche als Feuerwanzen enttarnt habe. Zum Glück gibt es die Insekten-Box im Internet.

Nutrias bevölkern das Jeetzel-Ufer. Die possierlichen Biberratten sind Profiteure des Mauerfalls. Zu DDR-Zeiten als Pelzlieferanten in Käfigen gehalten, wurden sie

nach der Wende in die Freiheit entlassen, haben rüber-
gemacht und vermehren sich fröhlich, seit nicht mal
mehr eingefleischte kommunistische Altkader Ratte tragen wollen. Füchse ziehen vor meiner Nase ihre Welpen
auf, gleich um die Ecke erlebe ich Biber als große Baumeister und die Rammel-Peepshow der Feldhasen.

Selbst Hornissen haben sich in einem Loch im Spruch-
balken häuslich eingerichtet.

Wir haben gelernt, mit den XL-Brummern klarzukom-
men. Da sie zu meinem großen Erstaunen auch nachtaktiv sind und wie Motten zum Licht fliegen, verirrt sich
immer wieder eines der eindrucksvollen Exemplare in
unsere Wohnstube. Solange es in der Luft ist, verrät der
beeindruckende Fluglärm seine Anwesenheit. Doch
wehe, es lässt sich gemütlich auf unserem geblümten
Sofa nieder oder irgendwo auf dem Fußboden. Um die
Gefahr für Mensch und Tier zu bannen, schauen wir deshalb lieber zweimal nach, wo wir unser Hinterteil oder
die nackten Füße platzieren. Mittlerweile besitze ich einiges Geschick darin, die gelb-schwarzgestreiften Irrflie-
ger mit Hilfe eines Blattes Papier und eines Marmeladen-
glases wieder nach draußen zu befördern.

Es ist Samstagnachmittag. Ein leichter Nieselregen hat
uns ins Haus getrieben. Plötzlich geht die Tür auf. Paul,
Helena und Leo entern unsere Küche. »Kaffeezeit«, ruft
die Nachbarin und stellt einen frisch gebackenen Hefe-
kuchen auf den Tisch, während ihr Gatte aufgeregt mit
einem Exemplar der Lokalzeitung wedelt. Mit Ver-
schwörermiene hält er mir das Blatt unter die Nase und
tippt auf eine Anzeige: Schwarzer Hovawart-Welpe,
weiblich, in gute Hände abzugeben, vier Monate alt.

»Hab schon mal dort angerufen. Das arme Ding soll an einen Zwinger verkauft werden«, gurrt Paul und schaut mich herausfordernd an. »Wir hätten doch Platz genug für einen zweiten Hund. Warum kaufst du ihn nicht, als Spielkameraden für Leo? Dein Hund bleibt hier auf dem Hof, und wenn du dann kommst ...«

Es dauert nur ein paar Sekunden, bis der Gedanke wie ein Blitz einschlägt. Ein Wochenend-Hund. Ich als Teilzeit-Frauchen. Girl-Power auf vier Beinen. Super Idee!

Der Mann an meiner Seite zieht ein Gesicht, als hätte er auf eine Zitrone gebissen. »Um Himmels willen nicht noch so eine erziehungsresistente Töle«, krakeelt er. »Wie soll das funktionieren mit zwei von der Sorte. Ist doch verantwortungslos. Ihr habt nicht alle Tassen im Schrank.«

Er ätzt und unkt, aber selbst seine an mich gerichtete Warnung »Das ist kein Hund für Anfänger« verhallt ungehört. Paul, ganz Göttervater, reagiert überhaupt nicht auf den Stänkerer und macht sich lieber über Kaffee und Kuchen her. Helena wendet sich mit einem beschwichtigenden Lächeln an den Hovawart-Verächter. »Es war nicht meine Idee, das mit dem zweiten Hund, aber für unser Leben hier draußen ist doch bedingungsloser Gehorsam nicht das wichtigste Kriterium. Mir genügt es, dass Leo freundlich ist und keine bissige Bestie. Er ist zwar keiner, der immer aufs Wort gehorcht ...«

»... aber er ist der Schönste im ganzen Dorf, ach was, im gesamten Landkreis«, vollende ich den Satz.

Der Hundeexperte rollt die Augen zum Himmel – und schweigt. Leo liegt brav neben seinem Frauchen und schenkt uns einen herzerweichenden Blick aus seinen hübschen bernsteinfarbenen Augen.

»Denk an den Satz von Loriot«, versuche ich die Stimmung des Liebsten zu heben, »ein Leben ohne Mops ist möglich, aber sinnlos.«

»Ein Mops ist kein Hund«, sagt er bitter, »ein Mops ist ein Mops. Wenn du unbedingt ein Tier halten willst«, er zeigt auf die Zeitungsseite mit den Anzeigen, »dann ruf lieber hier an.«

Ich werfe einen Blick neben seinen trommelnden Zeigefinger. Tinas Muckibude, steht da, hat hin und wieder Meerschweinchen und Zwergkaninchen abzugeben.

»Aber ich will nichts, was dumpf in einem Käfig hockt!«, sage ich, taub für alle vernünftigen Argumente.

Ein Leben ohne eigenen Hund erscheint mir plötzlich unmöglich, auch wenn es vielleicht nicht sinnvoll ist.

Als Stadtmensch bin ich nie auf die Idee gekommen, mir einen anzuschaffen. Keine Zeit, keinen Garten, keine Ahnung von Rassen, Haltung, Pflege und Erziehung. Ich liebe Hunde, aber ich liebe auch Kakadus, ohne einen zu besitzen. Doch jetzt sehe ich meine Chance gekommen. Wozu habe ich einen Fiffi-Fachmann mit jahrelanger Hundeerfahrung an meiner Seite? Wozu gibt's Hundeflüstererbücher und Hundeschulen?

»Nur mal angucken«, schnurre ich. »Damals bin ich auch gegen meine Überzeugung mit dir nach Polkefitz gefahren. Manchmal muss man einfach über seinen Schatten springen.«

»Also los«, ruft Paul munter, »schauen wir uns das kleine Schwarze doch mal an. Leo nehmen wir mit, auf seinen Instinkt können wir uns verlassen.«

Als wir ein paar Dörfer weiter vor einem Bauernhaus parken, geht die Tür auf, und ein dunkler Blitz saust uns entgegen. Leo scheint sofort entflammt für das stürmische Fellbündel. Für ihn ist die Sache in Sekunden-schnelle geritzt. Er nimmt seine Spielhaltung ein, die bei-den tollen über den Hof. Dann stürmt die Schwarze von hinten auf mich zu, zwängt ihren Kopf zwischen meine Beine, schaut aus feuchten dunklen Augen zu mir hoch – und der Hovawart-Gegner weiß, dass er verloren hat.

»Ich habe mich übernommen«, gesteht die sympathi-sche Besitzerin, »eine Operation an der Schulter, Arthri-tis in den Händen – und dann so ein Hund. Das schaff ich einfach nicht. Es gibt aber auch noch einen anderen Interessenten.«

»Wir nehmen sie«, sage ich schnell, um jede Diskus-sion zu vermeiden, zücke die Brieftasche, und das Hünd-chen samt Zubehör wechselt den Besitzer. Wobei »Hünd-chen« die Sache nicht ganz trifft. Schon jetzt, mit seinen vier Monaten, ist das Tier so groß wie ein ausgewachse-ner Cocker. Nach ihren riesigen Pfoten zu urteilen, wird sie noch kräftig in die Höhe schießen.

»Aber sie kommt mir nicht aufs Sofa«, stöhnt der Mann matt, während er dem neuen Rudelmitglied die Schlappohren krault. Auf der Heimfahrt sitzt die Schwarze auf meinem Schoß und gibt nur ganz kurz ein leises Abschiedsfiepen von sich.

Laut Papieren heißt unser niedlicher Neuzugang Una vom Rosenhof. Viel zu pompös für eine Dorfschönheit. Wir entscheiden uns sofort dafür, ein L vor den Namen zu setzen. Luna, die eine, die einzige. Mein erster Hund. Ich fühle mich wie im siebten Himmel.

Seit sie ihre Pfoten in unser Haus gesetzt hat, ist nichts mehr, wie es war. Am Wochenende ausschlafen? Vorbei!

»Dein Hund!«, schnauft der Mann schlaftrunken,

wenn es morgens um sieben an der Tür kratzt. Sie hat geschafft, was niemandem bisher gelungen ist: mich vom Morgenmuffel zur fröhlichen Frühtau-Spaziergängerin zu erziehen. Ganz gleich, ob es regnet, stürmt oder schneit – der Lockruf des Hundebabys bringt mich blitzschnell auf die Beine. Das wollige kleine Ungeheuer hat – ganz klar – die Regentschaft übernommen. Und natürlich all das eingelöst, was der hellsichtige Mann schon vorher wusste. Schwer erziehbar? Stimmt! Eigensinnig? Und wie! Dazu verfressen, verspielt, verschmust und ziemlich tricky. Selbstverständlich schläft das freche Monster auf dem Sofa – aber nur, wenn es denkt, dass wir es nicht mitkriegen.

»Du musst ihr zeigen, dass du der Chef im Ring bist«, analysiert der Mann an meiner Seite, »sonst tanzt sie dir ewig auf der Nase rum.«

»Na und?«, kontere ich. »Ist das so schlimm? Würden wir einen Mann weniger lieben, nur weil er seinen eigenen Kopf hat und uns ab und zu mal austrickst?«

»Konsequenz«, beharrt er, »Konsequenz, Konsequenz – das sind die drei wichtigsten Regeln, wenn du einen Hund erziehen willst, ganz besonders einen Hovawart.« Sein Blick richtet sich streng auf den Vierbeiner, der mit demütigem Erwartungsblick vor uns auf den Küchenfliesen liegt. Lunas Augen saugen sich in meine und barmen: Kriege ich vielleicht eine kleine Käseecke? Ein Stückchen Wildsalami? Ein Löffelchen Joghurt?

»Nix vom Tisch, nix zwischendurch«, geht die Lektion weiter, »und wenn überhaupt was außerhalb der Mahlzeiten, dann nur als Extrabonus für mustergültiges Benehmen.«

Eine Woche später traue ich meinen Augen kaum, als ich den Zuchtmeister dabei ertappe, wie er sich als Big Spender aufspielt und ohne jede Gegenleistung großzügig Leckerlis verteilt. »Sie hat vorhin unaufgefordert ›Sitz‹ gemacht«, verteidigt er seine Entgleisung.

»Ja dann«, entfährt es mir, »dann ist das natürlich eine konsequente Reaktion.«

Um meine Wissenslücken aufzufüllen, abonniere ich Hundezeitschriften, kaufe Bücher über Hundehaltung, Hundebewusstsein, Hundeerziehung und Ratgeber rund um eine gesunde Ernährung. Letzteres erscheint mir am wichtigsten. Denn wenn es um die Nahrungsaufnahme geht, ist unsere Hunde-Lady ein echter Proll. Sie frisst alles. Ganz egal, ob roh oder gekocht, ob Fleisch oder Gemüse. Tomaten, Salatgurken, Äpfel, Birnen, Nüsse, Seerosenblüten, Schafskötel. Und ganz besonders gern: jeden Dreck, der irgendwo herumliegt und vor sich hin gammelt. Hauptsache, was zu kauen. Für den kleinen Hunger zwischendurch dient ihr unser Komposthaufen als Snackbar. Schlendert man mit ihr über eine Wiese, säbelt sie wie ein Rasenmäher allen im Weg stehenden Pusteblumen die Köpfe ab. Zum Glück sind die Dinger kalorienarm. Sonst sähe sie längst aus wie Beth Ditto, das barocke It-Girl der internationalen Modeszene.

Bei meiner Suche nach aufschlussreicher Lektüre über das Wesen unserer vierbeinigen Begleiter bin ich auch auf die wunderbaren Bücher der amerikanischen Ethnologin Elizabeth Marshall Thomas gestoßen. Ihre Geschichten über das Zusammenleben mit ihrem elfköpfigen Rudel erlauben faszinierende Einblicke in Seele, Charakter und Persönlichkeit der treuen Hausgenossen. Gerade will ich mich mit ihrem Werk *Das geheime*

Leben der Hunde in den Liegestuhl fallen lassen, da bemerke ich, dass mein Vierbeiner offenbar auch ein kleines Geheimnis mit sich herumschleppt. Die Fressmaschine ist wieselflink unter den Zweigen eines Holunderbuschs in Deckung gegangen. Aber ich habe sie gesehen. Die beiden winzigen rosa Füßchen, die ihr rechts und links aus dem Maul hängen.

Früher hätte sich mir allein beim Gedanken daran, einem Hund irgendeinen Dreck aus den Zähnen zu pulen, der Magen umgestülpt. Jetzt schaffe ich es – mit Todesverachtung, aber immerhin –, meiner Luna ein aus dem Nest gefallenes, halbzermatschtes Vogelküken aus dem Rachen zu ziehen. Dass ich gelernt habe, meinen Ekel zu überwinden – das muss wahre Liebe sein.

Mittlerweile ist mein Hygiene-Empfinden auf ein kaum mehr wahrnehmbares Maß zusammengeschrumpft. Bei meinem Start ins Landleben war ich ein Wischmopp auf zwei Beinen. Mein ständiger Begleiter: die Sagrotan-Flasche. Nun endet mein Kampf um Keimfreiheit mit bloßen Händen in einem Hundemaul. Auch eine Art von Evolution. Die chemische Keule wird nur noch gegen anerkannte Gefahren wie Zecken, Flöhe, Mäusedreck aufgefahren. Der Rest ist Zen – oder die Kunst, dem Desinfektionswahn abzuschwören.

Ich bin keine Frau mehr. Ich bin ein Frauchen. Und das öffnet dem Wahnsinn Tür und Tor. Luna hat mich und meine Welt emotional fest im Griff. Paul und Leo mussten Platz machen für meinen kleinen Liebling. Luna hat jetzt den Büro-Job als Bildschirmschoner übernommen und ziert natürlich auch mein Handydisplay. Mein Mobiltelefon dient hauptsächlich als Bildergalerie für Hundefotos. Mit dem Mann diskutiere ich fast nur noch über Hundeernährung, Hundeerziehung und Hundepsyche. Tausend Fragen kreisen um das Wohlergehen des geliebten Fellknäuels. Ist Luna emotional ausgeglichen? Kriegt sie zu viel oder zu wenig Bewegung? Abwechslung? Streicheleinheiten? Warum saugt sie an ihrem Kissen wie ein Baby an seiner Schmusedecke? Fehlt ihr was? Leidet sie unter meiner Abwesenheit?

»Sie ist ein Hund«, höre ich die mahnende Stimme des Mannes, »sie zu vermenschlichen wäre der größte Fehler.« Weiß ich ja alles. Aber dann ertappe ich mich dabei, wie ich ihr ins schwarzgelockte Schlappohr flüstere. »Ja, was will denn mein süßes, kleines Hundilein? Gehen wir zwei jetzt Gassi? Baden im Fluss, na, was meinst du?«

»Typischer Fall von Kindersatz«, analysiert eine Kollegin scharfsinnig. Und trifft damit wahrscheinlich ins Schwarze. Begeistert wie Mütter über ihre Erstgeborenen erzähle ich ungefragt und voller Stolz von meinem vierbeinigen Baby. Dabei denke ich, wie jede leidenschaftliche Mutter, keine Sekunde darüber nach, dass es Menschen gibt, die nicht unbedingt in aller Ausführlichkeit zu hören kriegen wollen, wie mein Herzblatt sich am letzten Wochenende genüsslich in Aas gewälzt hat und dass ich seitdem nur noch mit Schnappatmung im Auto sitzen kann.

Seit ich auf den Hund gekommen bin, begleitet mich auch das Phänomen der selektiven Wahrnehmung auf Schritt und Tritt. Wenn ich durch unser Hamburger Viertel laufe, sehe ich überall Vierbeiner, die mir zuvor nie aufgefallen sind. Im Trend liegen offenbar Jack Russell Terrier, neben Möpsen die idealen Modehunde für die Zweizimmerwohnung. Mit einem leichten Anflug von Neid kann ich beobachten, dass die meisten äußerst wohlerzogen, ohne Leine, neben ihren Besitzern hertraben, sich unaufgefordert an jeder roten Ampel hinsetzen und Artgenossen mit Respekt und Gelassenheit begegnen. Nur allzu gern würde ich mein ungebärdiges Landmädchen wenigstens einmal in die Großstadt entführen. Aber der Mann ist strikt dagegen. »Ein Hovawart hat hier wirklich nichts zu suchen«, bellt er, sobald ich das Thema anschneide.

Vor kurzem meldete der Verband für das deutsche Hundewesen, dass die Bundesbürger jedes Jahr rund fünf Milliarden Euro für ihre Fiffis ausgeben. Eine unfassbare Summe. Der Zaster geht nicht nur für Futter und Tierärzte drauf, sondern – zunehmend – für luxuriösen Schnickschnack. In der Nähe des Münchner Flughafens wurde 2008 sogar eine Luxusherberge mit Beauty-Spa für Vierbeiner eröffnet. Mit Frisör, Massage, Freilaufwiese und Kuschellounge. Für die tierischen Gäste lassen sich Anwendungen für Haut und Fell beim »Grooming«-Spezialisten dazubuchen. Oder, wenn gewünscht, ein medizinischer Check-up. Zum Dienst an der zweibeinigen Vielflieger-Klientel gehört noch ein Gate-to-Gate-Service, der die kleinen Lieblinge kurz vor dem Start oder nach der Landung abholt und wieder bringt.

Als Nichthundebesitzerin habe ich regelmäßig aufgejault vor Empörung über so viel Dekadenz. Da lassen wir Kinder verhungern, während wir unsere Hunde mit Designerregenmäntelchen und Strasshalsbändern behängen. In den Supermärkten und Spezialgeschäften: viele Regalmeter mit Spielzeug und allen nur erdenklichen exotischen Leckereien. Selbst Känguruknochen und Emuleber werden vom anderen Ende der Welt eingeflogen, um die Gaumen unserer Lieblinge zu kitzeln – und die Klimabilanz noch weiter zu versauen. Bei aller Liebe verweigere ich mich auch weiterhin solch exaltierten Auswüchsen. Für Luna gibt's Ochsenbein vom Schlachter statt Kauknochen aus Down Under. Sie braucht auch keinen Burberry-Umhang, sie trägt ihr eigenes Fell.

Ansonsten bin ich genauso verrückt wie meine Freundinnen Christine, Brigitte, Madelaine und all die anderen, deren Gedanken ständig ums leibliche und seelische Wohl ihrer Vierbeiner kreisen. Für unseren kleinen Liebling nur das Beste.

Weil Lunas Hundekissen meiner Ansicht nach zu klein geworden ist, mache ich mich auf die Suche nach Ersatz. Eine ausführliche Fahndung im Internet bringt mich schließlich zu der Überzeugung, das Richtige gefunden zu haben: Sleepy Dog, Cube Premium Large, das endgültige Luxus-Lager mit punktelastischem Füllmaterial zur Entlastung der Gelenke. Formschön, hygienisch und antiallergen. Das gesunde und moderne Hundebett, der optimale Schlafplatz für deinen Hund – so weit die Versprechungen des Herstellers.

Als das Teil geliefert wird, schaut mich der Mann prüfend an und fragt nach dem Preis. Ich flunkere ein bisschen. Dann findet er leider die Rechnung und meint nur: »Du hast einen Knall!« Vergebens versuche ich, ihm zu erklären, dass vor allem große Hunde Wirbelsäulenprobleme entwickeln können, wenn ihr Bewegungsapparat nicht optimal entlastet wird. »Du hast einen

Megaknall«, wiederholt er störrisch. Ich nenne ihn einen Ignoranten und bleibe meiner Überzeugung treu, eine exzellente Wahl getroffen zu haben.

Da ahne ich noch nicht, dass auch die besten Absichten nicht unbedingt vor einem Reinfall schützen.

»Schau mal, Lunchen«, zirpe ich, »dein neues Bett.« Einladend klopfe ich auf die teuer bezahlte Unterlage. Verteile Leckerlis auf der Liegewiese. Der Hund kommt kurz vorbei, schnuppert, wendet sich angewidert ab und rollt sich auf seinem alten, zerkauten, zu kleinen Kissen aus dem Baumarkt zusammen. Oder auf dem Teppich in der Stube. Oder auf den »eiskalten« Fliesen in der Küche. Und am allerliebsten – weil verboten – im Ohrensessel des Rudelchefs. Nicht mal mit ausgeklügelten Tricks schaffe ich es, die undankbare Töle aufs hochwertige, superbequeme Lager zu locken. Selbst diverse Versuche, Duftspuren zu legen, sind zum Scheitern verurteilt. Der Kauf – ein Totalflop.

Das Schlimmste dabei: Der Mann schaut seitdem regelmäßig mit einem feixenden Grinsen erst auf das Frauchen, dann auf den Hund, schließlich auf das verwaiste Bett.

»Sag jetzt nichts«, flehe ich ihn an. Vergeblich. »Wir haben sicher das formschönste, überflüssigste und teuerste Hundebett im gesamten Landkreis Lüchow-Dannenberg.« Er stößt verächtlich mit der Fußspitze gegen das Corpus Delicti. »Vielleicht kannst du das Ding ja noch als Knieschoner beim Unkrautjäten verwenden.«

Es bleibt mir nichts weiter übrig, als das Ganze zu verbuchen unter: noch eine Lektion gelernt, Lehrgeld bezahlt. Soll die kleine Mistbiene doch schlafen, wo sie will …

Während der Woche, wenn wir nicht da sind, verbringt sie ihre Nächte ohnehin bei ihrem großen blonden Freund im Nachbarhaus. Scheinbar mühelos verkraftet sie den Wechsel der Behausungen. Wenn nur dieser Waisenkinderblick nicht wäre, mit dem sie am Sonntagabend am Tor steht und dem abfahrenden Auto hinterherschaut.

Vielleicht sollte ich die Idee, ganz aufs Land zu ziehen, doch noch mal überdenken. Der Trennungsschmerz überwältigt mich jedes Mal aufs Neue. Wie ein Mantra bete ich stumm vor mich hin: Sie lebt wie im Paradies hier draußen, eine Stadtwohnung ist kein guter Lebensraum für einen großen Hund, sie hat Auslauf, einen Artgenossen zum Spielen, die beste Betreuung, die sich ein Hund nur wünschen kann.

Es hilft nichts. Ich fühle mich als elende Verräterin und Rabenmutter. Und sehne das nächste Wochenende herbei.

Die Neuen

Der Wendländer gilt als gewitzter, zu Ungehorsam und einer gewissen Sturheit neigender Zeitgenosse. Vielleicht das Erbe der Wenden, seiner slawischen Vorfahren, die um das Jahr 700 in den einsamen Landstrich vorgestoßen sein sollen und seither dieses Biotop formen. Archäologen und Völkerkundler suchen noch heute nach einer überzeugenden Erklärung für die rätselhafte kreisrunde Siedlungsform der wendischen Dörfer. Fest steht nur, dass sie die Zahl der Häuser und ihrer Bewohner begrenzte. War der Kreis geschlossen, mussten Neuankömmlinge ein paar Kilometer weiter einen neuen Rundling anlegen. Die menschenarme Gegend entwickelte sich über die Jahrhunderte zu einem Lebensraum, in dem seltene Pflanzen und Tiere und eben auch jener ganz besondere Menschenschlag prächtig gedeihen. Kauzig, eigenwillig und, wenn der Alkoholpegel auf null steht, ein wenig sparsam in der Ausdrucksweise. »Muss ja!« ist die gängige Antwort, wenn man einen Ureinwohner nach seinem Befinden fragt. Kennt man sich länger, dann vertieft vielleicht noch ein geschwätziges »Hilft ja nix« das gute nachbarschaftliche Verhältnis. »Nur wenn's ums Jammern geht«, pflegt Carina Plate zu sagen, »macht den Wendländer Bauern keiner was vor.« Sie kommt aus einer nordfriesischen Bauernfamilie und neckt ihren Ehemann gern mit dem Spruch: »Dir haben sie als Säugling bestimmt auch einen Stöhnstein auf die Brust gelegt, mein Gustav, damit du beizeiten lernst, wie jammervoll das Leben eines Landwirts ist.«

Wie stolz die Eingeborenen auf ihre Geschichte sind, lässt sich am besten daran ablesen, dass nur der als waschechter Landsmann anerkannt wird, der ein paar Jahrhunderte Ahnengeschichte auf dem Buckel hat und das auch nachweisen kann. Plate kann das. Wann immer sich die Gelegenheit bietet, breitet er voller Genugtuung die Papiere aus, die dokumentieren, dass sein Hof seit 600 Jahren in Familienbesitz ist. Der Kartoffelbauer hütet seine Chronik wie Alberich das Gold der Nibelungen. Sie stärkt sein Selbstbewusstsein, gibt ihm ein rundum gutes Gefühl und das Recht, seinen Nachbarn Paul, der vor mehr als dreißig Jahren ins Dorf gezogen ist, bei jedem Fest mit einem breiten Grinsen zu fragen: »Na, Paule, schon eingelebt?«

Wir Wochenendbewohner werden ohnehin nur als eine Art exotische Zugvögel wahrgenommen. Herzlich willkommen, aber eben Gäste auf Zeit.

Heute bevölkern nicht einmal 50 000 Menschen den weitläufig als Naturschutzgebiet ausgewiesenen Zipfel, der sich bis zur Wende wie ein Wurmfortsatz ins Staatsgebiet der ehemaligen DDR bohrte. Und weil das dünnbesiedelte Wendland so wunderbar randständig war, planten die Mächtigen von einst, dem vergessenen Winkel der BRD die größte atomare Wiederaufbereitungsanlage der Welt zu schenken. Dazu Atomkraftwerke in der Elbtalaue, eines prächtiger als das andere. Und den Salzstock als Müllschlucker obendrauf. Doch die Politbosse hatten die Rechnung ohne die wendländischen Dickschädel gemacht. Die Mehrheit der auf rund 400 Dörfer und wenige Städtchen verteilten Einwohner entwickelte sich zu Sympathisanten oder Aktivisten der Protestbewegung. Dabei war es völlig gleichgültig, ob einer aus der linksalternativen Ecke oder aus dem konservativen politischen Lager kam. Die Losung »Wir stellen uns quer« ist bis heute der kleinste gemeinsame Nenner und die stärkste Kraft, die alle hier zu einer widerborstigen Bürgerwehr zusammenschweißt. Von den Geschäftsleuten über die Bauern bis zu den Künstlern und Kräuterhexen. So haben sie es geschafft, die ehrgeizigen Pläne zu durchkreuzen, und kämpfen seit Jahrzehnten phantasievoll und unverzagt gegen jeden Castor, der über die Schienen zum Verladebahnhof in Dannenberg rollt.

Keines der Projekte kam je über die Planungsphase hinaus. Aber erst in jüngster Zeit schärft die neuentflammte politische Diskussion um ein Atommüll-Endlager in Gorleben, um zunehmende Störfälle in überalterten Kraftwerken und die giftverseuchte Deponie in Asse auch im Rest der Republik wieder das Bewusstsein für die wichtigste aller Fragen: Wohin mit dem strahlenden Dreck? Eine Lösung ist nicht in Sicht. Derweil stehen die Castorbehälter mit der heißen Fracht im überirdischen Zwischenlager. Und der Kampf der Wendländer geht weiter.

Doch die Zahl der Ortsansässigen schrumpft seit Jahren. Die Alten sterben weg, die Jungen ziehen in die größeren Städte, der Ausbildung, der Arbeit und dem komfortableren Leben hinterher. Dem Landkreis droht Vergreisung. Schon jetzt wirken manche Ortschaften wie Geisterdörfer.

Deshalb schlägt die Nachricht ein wie eine Bombe. »Der Hof ist verkauft«, empfängt uns Paul bereits an der Gartenpforte und zeigt auf die seit zwei Jahren verwaisten Gebäude schräg gegenüber, für die sich nun offenbar doch ein Interessent gefunden hat. Ein kleines Wunder. Es ist wahrscheinlich einfacher, eine schwarze Perle in einem Südsee-Atoll zu finden, als einen Käufer für einen der zahllosen leerstehenden Höfe in dieser Gegend. Zudem macht das Ensemble, wenn man etwas genauer hinschaut, einen nicht eben vertrauenerweckenden Eindruck.

»Eine Familie mit drei Kindern«, frohlockt unser Hofherr, »sind gestern aus dem Schwabenland angekommen. Und haben für morgen Abend alle Dorfbewohner zu einem Begrüßungsumtrunk in die Scheune eingeladen.«

Eingefädelt hat den Deal der Polkefitzer Werner Schulte. Sparkassen-Werner. Auch er echter Wendländer, mit Stammbaum und Herkunftsbewusstsein. Der Zwei-Meter-Mann ist kein Bauer. Und er sucht auch keine Frau. Er ist eingefleischter Junggeselle, 52 Jahre alt, Erbe ausgedehnter Ländereien, die er verpachtet hat, und stellvertretender Filialleiter der Bausparkasse in der Kreisstadt. Doch im örtlichen Telefonbuch steht hinter seinem Namen nicht etwa Banker, sondern Hofbesitzer. Obwohl er kein Landwirt ist, verweist er damit elegant auf die bäuerliche Tradition der Familie. Und ein paar Angusrinder weiden auch immer noch auf seiner Wiese direkt vorm Haus. »Damit ich weiß, wo das Fleisch herkommt, das auf meinem Teller liegt«, meint der heimatverbundene Finanzdienstleister.

Am Samstagmorgen verkündet Hundegebell nahenden Besuch. Carina, die bessere Hälfte von »Gülle«-Gustav Plate, steht vor der Tür.

»Ich geh mal eben von Hof zu Hof«, sagt sie, »wir wollen den Neuen heute zum Einstand was zu beißen mitbringen. Die haben ja genug um die Ohren, sind ja noch nicht mal eingerichtet. Ich mach Frikadellen und Kartoffelsalat. Erna kommt mit Sauerfleisch und Schmalzbroten. Ihr könnt ja mal überlegen … Ich muss weiter.« Und weg ist sie.

Gegen Abend ziehen die vorhergesagten atlantischen Tiefausläufer heran. Für die Jahreszeit zu kühl, heißt das auf Wetter-Deutsch. Was bedeutet: Es ist kalt. Saukalt, um genau zu sein. »Wir haben Ende Mai«, knurrt der Mann. »Wo ist eigentlich diese verdammte Erderwärmung abgeblieben?« Er schnauft unwillig. »Bei uns jedenfalls nicht.«

Es schüttet aus allen Rohren, als wir uns mit unseren griechisch-italienischen Morgengaben in Form von Moussaka und Pizza auf den kurzen Weg zur Willkommensparty machen. In der Scheune ist bereits das halbe Dorf versammelt. Ein paar Papiergirlanden und Luftballons hängen verloren von den alten Eichenbalken. In den Ecken: verrostetes Ackergerät, ein museumsreifer Traktor, Zementsäcke, Holzbohlen, eine Werkzeugbank und eine wurmstichige alte Truhe.

Es riecht nach Moder und Verfall.

Doch die Eingeladenen haben sich nicht lumpen lassen. Auf einem langen Tisch, neben einer Bierzapfanlage, türmen sich die essbaren Mitbringsel zu einem beachtlichen rustikalen Buffet. Untermalt von einem beständigen Plätschern, das von den Regentropfen herrührt, die durch das undichte Dach in bunte Plastikeimer fallen, hat Carina Plate gerade zu einer kleinen Begrüßungsrede angesetzt.

»Liebe Familie Erdmann«, sagt die Bauersfrau in feierlichem Pastorenton, während sie den Neubürgern Brot mit einer eingebackenen Centmünze und ein Säckchen Salz überreicht, »wir freuen uns, dass ihr neues Leben in dieses Haus und in unser Dorf bringt. Gottes Segen mit euch allen. Und gutes Gelingen für all eure Pläne.«

Wie ein Leuchtturm ragt Sparkassen-Werner aus der Menschengruppe heraus. Auf seinem Gesicht ein zufriedenes, väterliches Lächeln. Er sieht aus wie einer, der es geschafft hat, seine hässliche Tochter an einen reichen Erben zu verkuppeln.

Die beiden erwachsenen Erdmanns umarmen die Rednerin gerührt und bedanken sich für den herzlichen Empfang. Dann folgt das große Beschnuppern. Schließlich wollen alle ganz genau wissen, was Roger und Evi samt ihren drei Töchtern im Alter von sieben, zwölf und fünfzehn Jahren dazu getrieben hat, das beschauliche Leben in einer württembergischen Kleinstadt aufzugeben und stattdessen einen verlassenen Resthof in diesem entlegenen Landstrich zu erwerben.

»Wir haben lange nach einem passenden und bezahlbaren Objekt gesucht«, verrät Roger, »um endlich unseren Traum vom Selbstversorger-Leben in die Tat umzusetzen. Autark sein, selber machen, selbst bestimmen. Das ist unser Plan für die Zukunft.«

Ein dicker Regentropfen platscht ihm auf den Kopf. Er schaut nicht mal hoch zum maroden Dach, sondern strahlt fröhliche Zuversicht aus. Selbstvertrauen. Ein sympathischer Machertyp mit raspelkurzen Haaren und vielen Lachfältchen um die wasserblauen Augen. Noch arbeitet der drahtige kleine Mann Anfang vierzig auf Provisionsbasis für eine englische Technologiefirma, die den Elektroniker um die halbe Welt jagt.

»Kann sein, dass ich von jetzt auf gleich nach Gambia düsen muss, oder in ein amerikanisches Indianerreservat, um dort irgendwie die Telekommunikationssysteme zum Laufen zu bringen.« Er zuckt mit den Achseln und lacht. »Ich bin professioneller Troubleshooter.«

Wir sind von den Socken. Ist doch bereits der Weg von Polkefitz zum nächsten Flughafen eine kleine Weltreise.

Evi, eine attraktive Brünette mit roten Apfelbäckchen und runden Hüften, streichelt ihrem angetrauten Problemlöser liebevoll über den Kopf und meint mit sanfter Bestimmtheit: »Aber jetzt sehen wir erst mal zu, dass wir hier das Ding zum Laufen kriegen.«

An der Zapfanlage stehen zwei Wesen in wattierten pinkfarbenen Jacken, aus denen streichholzdünne Jeans-Beine herauswachsen, die wiederum in klobigen Schnürstiefeln stecken. Beide blond, beide ganz offensichtlich schlecht drauf. Erdmanns Teenie-Töchter Lea und Sophie ziehen eine Flappe bis zum Fußboden. Die Selbstversorger-Träume der Eltern scheinen beim pubertierenden Nachwuchs nicht auf fruchtbaren Boden gefallen zu sein. Mit ihren versteinerten, blassen Gesichtern wirken sie wie zwei Entführungsopfer in Geiselhaft. Nur Nesthäkchen Julia sitzt vergnügt unterm Schleppdach und spielt mit einer kleinen getigerten Katze.

»Wer lacht, hat schon verloren«, flüstert der Mann an meiner Seite und mustert die zwei verlorenen Gestalten.

»Du bist gemein«, wispere ich zurück, »die armen

Dinger müssen sich doch erst mal einleben. In dem Alter verheißt einem das Land der Wenden nicht unbedingt Rock'n'Roll.«

Ich gehe zu den beiden Mädchen und versuche, ein kleines Gespräch in Gang zu bringen. »Wie gefällt es euch denn in eurem neuen Zuhause?« Doofe Frage, aber etwas Besseres fällt mir in der Sekunde leider nicht ein. Sophie, die Fünfzehnjährige, zieht gelangweilt einen Stöpsel ihres iPods aus dem Ohr und mault: »In meinem Zimmer ist es arschkalt, es gibt ja nicht mal 'ne Heizung.« Und Lea klagt: »Ich hätte gern ein Pferd, aber meine Eltern wollen nur Tiere haben, die man auch essen kann.«

Der Erziehungsberechtigte hat sich zu uns gesellt. »Eins nach dem anderen«, ermahnt er die Töchter, »jetzt brauchen wir erst mal neue Dächer, eine Photovoltaikanlage und eine Feststoffheizung. Und ihr dürft euch eure Zimmer selbst ausbauen.«

Er zwinkert uns zu und meint dann zu den Mädchen: »Vielleicht wisst ihr's noch nicht, aber tolle Frauen können mit Hammer und Säge umgehen!«

Sophie schenkt ihrem Vater einen tödlich beleidigten Blick und verschwindet, die Schwester im Schlepptau, mit Lady Gaga im Ohr durch eine klapprige Holztür an der Stirnseite der Scheune.

»Für die Kinder wird das eine ganz neue Erfahrung«, sagt Roger mit einem amüsierten Lächeln, »zu lernen, dass nicht immer alles sofort zur Verfügung steht. Dass das Leben nicht nur aus Kaufen und Konsumieren besteht. Sondern learning by doing. Jule findet's ganz toll. Und die Großen werden auch noch auf den Geschmack kommen.«

So viel positives Denken. Alle Achtung! Wir schätzen, dass die Renovierungsarbeiten und die Aufzucht von Schweinen, Schafen und Federvieh nicht die einzigen Herausforderungen sein werden.

Das Anwesen ist riesig. Ein Haupthaus, mehrere Stallgebäude, Werkstatt, Scheune, Tenne gruppieren sich um einen quadratischen Innenhof, dahinter eine Wiese mit einem nicht unbedingt dekorativen dunkelgrünen Güllesilo. Und der ehemalige Bauerngarten – ein von Unkraut und Brombeerhecken überwuchertes Dickicht.

Auf der Suche nach dem Mineralwasser-Depot, das sich angeblich hier irgendwo im düsteren Abseits befinden soll, betrete ich eine Diele, die von einer nackten Glühbirne nur spärlich beleuchtet wird. Ich stolpere über eine Kabelrolle, suche angestrengt den Raum ab, kann aber nur Umzugskartons entdecken, die entlang der Lehmwände aufgestapelt sind. Als ich eine der Türen öffne, die von der Diele in die angrenzenden Zimmer führen, sehe ich im Funzellicht die Umrisse eines Michelinmännchens, das auf dünnen Beinchen langsam durch den Raum stakst, der offenbar mal als Küche diente. In seinen Händen ein aufgeklapptes Notebook, dessen Bildschirm bläuliches Licht auf das schmale angespannte Gesicht wirft. »Shit«, höre ich es murmeln, »nirgendwo ein Netz in diesem Kaff.«

»Wir haben seit einer Woche einen WLAN-Anschluss«, sage ich ganz leise, um das pinkfarbene Wesen nicht zu erschrecken, »aber das Signal ist zu schwach, es reicht nicht mal fünfzig Meter weit.« Sophie zuckt zusammen und sinkt dann wie ein Häufchen Elend auf eine Getränkekiste.

»Wenn du ins Netz willst, dann komm einfach bei uns

vorbei.« Mitleid mit dem armen Kind durchflutet mich, ich stelle mir vor, man hätte mich mit fünfzehn ans Ende der Welt verfrachtet. »Wir sind zwar nur am Wochenende da, aber du kannst surfen ohne Ende. Jederzeit. Wir wohnen direkt gegenüber. Unsere Nachbarn hängen auch an unserer Leitung. Also kein Problem.« Ein kleines Lächeln huscht über Sophies Gesicht. »Echt? Cool!« Sie klappt den Rechner zu. »Hab nämlich seit zwei Tagen meine Mails nicht mehr gecheckt.«

Ich könnte dem Mädchen jetzt erzählen, dass das Landleben gar nicht so schrecklich ist und dass sogar unsere trällernde Nationalheldin Lena von einem Bauernhof träumt. Den Zusatz, »irgendwann mal, wenn ich alt bin«, müsste ich natürlich verschweigen. Aber mit Blick auf das Umzugschaos, die feuchten Wände und die Mammutaufgabe, die vor der Familie liegt, frage ich nur: »Wieso sprecht ihr alle eigentlich astreines Hochdeutsch, obwohl ihr aus Schwaben kommt?«

»Ja woisch«, Sophie streicht sich eine blonde Strähne aus dem Gesicht, »mei Eltre kommet boide aus'm Münschterland. Die henn uns immer verbode, schwäbisch zu schwätze.« In ihren Augen blitzt es koboldhaft, und wir müssen beide lachen. Sie sieht hübsch aus, wenn sie lacht – und sie besitzt ganz offenbar komisches Talent. Eine vielversprechende Kombination.

»Bis morgen also.« Ich deute auf die Kiste. »Darf ich mal?« Das Mädchen steht auf, und ich greife mir zwei Flaschen Wasser.

In den folgenden Wochen und Monaten werden wir Zeugen rasanter Veränderungen. Erdmanns machen richtig Dampf. Maurer-, Schreiner- und Dachdeckertrupps rücken an, renovieren, reißen ein, bauen auf. Und die gesamte Familie rackert von morgens bis abends, selbst am Wochenende gönnt sie sich keine Pause. Der Allround-Handwerker an meiner Seite kommentiert das Geschehen mit fachmännischem Blick – und voller Hochachtung. Roger, der geborene Tüftler und Bastler, scheint ebenfalls zu den Männern zu gehören, die einfach alles können. Ganz gleich, ob es darum geht, mal eben aus einem Starkstromkreis ein paar Wechselstromkreise zu basteln oder einen verfaulten Stützbalken auszuwechseln. Er turnt nicht nur auf dem neuen Dach herum, um alles für die Installation der Photovoltaikanlage vorzubereiten, er findet auch noch Zeit, über die Dörfer zu fahren und als Mini-Funknetzbetreiber der Deutschen Telekom Kunden abzuwerben. Dank seiner Initiative verfügen bald darauf rund fünfzig Landbewohner über einen superschnellen Internetzugang. Uns hat sein Angebot auch überzeugt. Wir wollen vom lahmen Monopolisten zum Turbo-Lokalanbieter wechseln. Und Erdmanns Töchter sind einfach nur happy. Endlich wieder online. Nicht mehr zu den Nachbarn müssen, um mit den Freunden zu kommunizieren. Für sie ist der Zugang zur virtuellen Welt der erste Schritt ins neue Leben mitten im Chaos der Großbaustelle.

Dass sie auch noch mit Feuereifer dabei sind, im ehemaligen Stallgebäude ihre riesigen Zimmer wohnlich herzurichten, hat vor allem mit Kalle zu tun. Kalle ist siebzehn, Azubi von Schreinermeister Bethke und sieht »original« aus wie Robert Pattinson, der Mädchenschwarm aus den verfilmten Vampir-Schwarten. Megacool, der Typ. Sagt Sophie. Was die Teenies dazu motiviert, mit Hingabe und hochkonzentriert jede seiner knappen Anweisungen zu befolgen. Beide Mädchen hängen an den Lippen des ansehnlichen Knaben, gehen ihm klaglos zur Hand und sind wunschlos glücklich, wenn am Ende ein karges »Passt!« aus seinem Mund schlüpft. Der Lohn für ihre Schufterei. So geht Hollywood in Polkefitz.

Mit einer Mischung aus Respekt, neugieriger Anteilnahme, Hilfsbereitschaft und fassungslosem Staunen verfolgen die Dorfbewohner den zähen Aufbauwillen der Neuen. Vor allem die verrückte Idee, den alten Kuhmist aus dem Güllesilo zu schaffen und das hässliche Ding zu einem Amphitheater umzufunktionieren, lässt der Phantasie der Polkefitzer Flügel wachsen. Nej, so wat auch! Wat dat wohl gibt! Wer hat von so wat je gehört? Na, wolln ma sehen, was se da drin so machen.

»Wenn ich an unsere letzten Theatererfahrungen in Hamburg denke«, sagt der kunstsinnige Mann an meiner Seite, »erscheint mir so ein Güllesilo eigentlich als der passende Rahmen für die darstellenden Künste der Moderne. Kein Regisseur, der auf sich hält, verzichtet doch heute auf urinierende und scheißende Bühnenhelden.«

Wir zanken uns noch ein bisschen über Sinn und Unsinn des neuzeitlichen Regietheaters und einigen uns schließlich darauf, dass der Erdmann-Hof – ob mit oder ohne Gülle-Theater – eine Bereicherung für unser Dorfleben ist. Eine zusätzliche Attraktion.

Schnell haben wir uns angewöhnt, Besucher aus der Stadt immer auch zu einem erweiterten Besichtigungsprogramm auf die Selbstversorger-Baustelle unserer neuen Nachbarn zu schleppen.

In Evis Reich. Evi Erdmann, die gelernte Chemotechnikerin, die nebenher Webseiten programmiert und gestaltet, gehört zu jener Art Wunderwesen, für die das Wort »Überforderung« nicht zu existieren scheint. Mit fröhlicher Gelassenheit zieht die Dreifach-Mutter, Ehefrau, Bauherrin, Hauswirtschafterin und ausgefuchste Selfmade-Frau ihre Bahn. Ganz gleich, welcher Orkan gerade um sie herum tobt, Evi ist das Auge des Sturms. Mag auch die Wohnsituation ein chaotisches Provisorium sein, der Mann auf Dienstreise in Afrika, die Töchter im Duell um die Gunst von Kalle – nichts kann Frau Erdmann davon abhalten, nach Antworten auf die wesentlichen Fragen zu fahnden: Wie macht man Seife? Wie braut man Bier? Wie schleudert man Honig? Hat sie alles noch nie gemacht. Egal. Rein ins Internet, Rezepte runterladen oder einfach die Bäuerinnen im Dorf fragen – und los geht's.

Kommt man bei Erdmanns in die Diele, stehen neben noch nicht ausgepackten Kisten überall Bottiche, Krüge, Flaschen, Töpfe, Fässer, Bleche, in und auf denen irgendetwas reift, gärt, trocknet oder zieht. In dieser Mischung aus Versuchslabor und Hexenküche fühlt man das Herz des Selbstversorgersystems schlagen. Direkt daneben liegt die eigentliche Küche, der einzige Raum, der sich nicht mehr im Umbaustatus befindet. Wir hören das Surren der Getreidemühle und sehen durch die geöffnete Tür Nesthäkchen Julia am Tisch sitzen und Ringelblumenblüten zupfen – für die Creme, auf deren heilsame Wirkung Evi schwört. Erdmanns Mikrokosmos hat nichts mit jenem lieblichen Country-Lifestyle zu tun, der so überaus dekorativ in Hochglanzmagazinen präsentiert wird. Von jedem unserer Besuche nehmen wir die

Erkenntnis mit: Nahrungsproduktion macht Schmutz und ist harte Arbeit, die nie endet. Und sie ist das Gegenteil von unserer eigenen verspielten Bauerngartenseligkeit, die wir als puren Genuss empfinden. Für uns ist alles, vom Unkrautzupfen bis zur Salaternte, ein angenehmes kleines Zwischenspiel, ein Flirt mit der Natur, bis wir am Sonntagabend wieder Richtung Großstadtkomfort düsen. Ich beneide Evi nicht, aber ich bewundere sie. Für ihr Geschick, ihre Fröhlichkeit und ihre nie nachlassende Energie. Sie ist mein *local hero*.

Nach ein paar Monaten haben sich die Bewohner auf dem Erdmann-Hof vervielfacht. Es tummeln sich Schweine, Schafe, Masthähnchen, Barberie-Enten, Gänse, Kaninchen, Legehennen, Bienen auf dem Gelände und sollen Fleisch, Wurst, Schinken, Eier und Honig liefern. Obst, Kartoffeln, Gemüse und Kräuter stammen aus Garten und Gewächshaus, Getreide und Milch lassen sich kostengünstig von Bauern aus dem Umland beziehen.

»Wir bestreiten unseren Bedarf jetzt schon zu zwei Dritteln aus eigener Produktion«, sagt Evi und zaubert aus den Rohprodukten so ziemlich alles, was man zum Leben braucht. Sie produziert Butter, Sahne, Quark und Joghurt, backt Brot und Kuchen, mostet Säfte und Sirup, keltert Fruchtweine aus Kirschen, Pflaumen und Mirabellen, braut Bier und schleudert Honig. Sie hat gelernt, Schafe zu scheren und Wolle zu spinnen. Und sie hat es sogar geschafft, ihre megacoolen Teenie-Töchter zu einem Kurs zu überreden. »Und wer hätte das gedacht«, sagt sie lachend, »als Spinnerinnen sind Lea und Sophie echte Naturtalente.«

Nur wenn's dem Federvieh an den Kragen geht, hat die beherzte Learning-by-Doing-Bäuerin den entscheidenden Schritt bisher lieber an Erna, die handfeste Halsumdreherin aus dem Dorf, delegiert. »Beim nächsten Mal«, sagt Evi und schaut etwas verzagt, »werde ich vielleicht nicht kneifen. Mal sehen.«

Lea steht auf der eingezäunten Schweinewiese und krault eines der wohlbeleibten bunten Bentheimer im Nacken. »Es ist merkwürdig«, sagt Evi und zieht die Stirn kraus, »normalerweise lassen sich die Schweine nicht gerne anfassen, aber das hier ist unglaublich zutraulich. Ein echtes Problem.«

»Problem?«, frage ich. »Wieso denn?«

»Lea hat kürzlich verkündet, dass sie kein Fleisch mehr essen will.«

»Mach ich auch nicht«, bestätigt das Mädchen und schmiegt sich an die Prachtsau, »und Antonia schon gar nicht. Außerdem ist es schlecht für die Umwelt, Tiere zu essen. Weiß doch jeder.«

»Wir essen ja auch nicht jeden Tag Fleisch«, versucht Evi zu argumentieren, »und unsere Tiere haben es doch gut hier, sie leben artgerecht. Und was ist mit Spaghetti carbonara, die magst du doch so gerne?«

»Will ich aber nicht mehr.« Lea hat sich aufgerichtet. Das Schwein starrt die Tierfreundin an, als verstünde es jedes Wort. »Antonia darf nie, nie geschlachtet werden. Das musst du mir versprechen.«

»Na ja«, Evi steigt über den Zaun und nimmt ihre Tochter in den Arm, »mal sehen, vielleicht können wir Antonia ja als Zuchtsau behalten.«

Wenn Lea wüsste, wie gut ich sie verstehen kann. Normalerweise bekommen wir das namenlose Schlachtvieh erst dann zu Gesicht, wenn es zerteilt, mit Petersiliensträußchen aus Plastik verziert beim Metzger in der Auslage liegt. Erdmanns leben mit ihren Tieren, sehen sie Tag für Tag über die Wiese laufen, in der Erde wühlen, nach Insekten picken. Lauter glückliche Schweine, Hühner, Gänse und Lämmer. Lieferanten für qualitativ hochwertiges Fleisch. Doch zum Selbstversorgerschicksal gehört eben auch, nicht verdrängen zu können, dass wir töten müssen, wenn wir tierische Proteine wollen. Und wenn sich dann der Schinken in Form praller Hinterbacken genüsslich im Gras wälzt und auf Zuruf angerannt kommt, kann sensiblen Seelchen die Fleischeslust schon mal vergehen. Und sei es nur vorübergehend.

»Schau mal da.« Der Mann deutet eine Woche später auf eine Gruppe Schüler, die durch die Innenstadt von Dannenberg schlendert und auf den Eingang einer Burger-Kette zusteuert. Lea ist mit von der Partie.

»Wahrscheinlich holt sie sich nur eine Tüte Pommes«, vermute ich. Wenig später kommt das Mädchen mit einer Tüte in der Hand wieder aus der Tür. In dem Moment, als Lea herzhaft in ihren Hamburger beißt, entdeckt sie uns. Sie verschluckt sich und kriegt einen Hustenanfall. »Nicht verraten, bitte!«, keucht sie.

»Bleibt unser Geheimnis, versprochen«, sage ich.

Manchmal geht eben nichts über ein anonymes Stück Hackfleisch.

Biowurst und Kunstnomaden

Die Sonne hängt noch tief am Horizont und taucht die Wipfel der Eichen und Birken am Jeetzel-Ufer in ein kitschiges Babyrosa. Nebelschleier liegen über den taufeuchten Wiesen rechts und links des schmalen Wirtschaftswegs, es schneit winzige weiße Blütensterne, und ein betörender Duft von Weißdorn weht mir in die Nase. Es ist kurz vor acht, ein frischer, schöner Frühsommermorgen. Endlich, nach den vielen trüben, nasskalten Tagen. Neben mir trabt Luna und schnuppert wie von einem unsichtbaren Band gezogen den Geruchsspuren der letzten Nacht hinterher, die ganz offensichtlich äußerst anregend wirken. So wie für uns die erste Tasse Kaffee nach dem Aufstehen. Plötzlich bleibt sie stehen, winkelt eine Pfote an und lässt ein leises Wuffen hören. Ich scanne, eine Hand am Hundehalsband, aufmerksam die Umgebung, kann aber weder Rehe noch Hasen oder sonstige Tierchen entdecken.

Doch dann bemerke ich in ein paar hundert Metern Entfernung das Objekt der Irritation. Hinter dem Grünland dehnt sich bis zum Flussufer ein großes Maisfeld. Aus seiner Mitte wächst eine dürre Gestalt, steht bewegungslos da, mit ausgebreiteten Armen wie eine Vogelscheuche, während ein paar Saatkrähen, völlig unbeeindruckt von ihrer Anwesenheit, in den Ackerfurchen nach ihrem Frühstück picken. Ich bin mir sicher: Gestern stand das seltsame Ding noch nicht hier. Dann sehe ich, wie es die Hände zum Himmel hebt, den Rumpf beugt, sich wieder aufrichtet und die Arme um seinen Körper schlingt. Ganz hinten am Weg, der am Feldrand endet, entdecke ich zwischen Holunderbüschen und Kopfweiden einen Kombi älterer Bauart mit auswärtigem Kennzeichen und dem Aufkleber »Manni gegen den Rest der Welt«. Auf der Ladefläche: eine Matratze, Kochgeschirr, ein Klapptisch, eine Kühlbox und ein Rucksack. Einzig das Alu-Fahrrad auf dem Dachgepäckträger sieht hochwertig und nagelneu aus.

Jetzt fällt bei mir der Groschen. Für einen dünnen Mann mittleren Alters, der sich das Resthaar zu einem schütteren Pferdeschwanz bindet und den es in Unterhose und T-Shirt zur Morgengymnastik auf den Acker treibt, gibt es nur eine Erklärung: KLP. Übermorgen soll es losgehen.

Hinter dem Kürzel versteckt sich nicht etwa eine kommunistische Splittergruppe, die in ländlicher Abgeschiedenheit subversive Umsturzpläne schmiedet. KLP steht für »Kulturelle Landpartie« und ist das Großereignis kurz vor dem Start in die Sommersaison. Manni muss einer von den zigtausend Besuchern aus ganz Deutschland sein, die es dann in die Künstlerateliers, in die Gärten und Höfe der Bauern zieht, um sich zwei Wochen lang an der heiter-bekömmlichen Mischung aus Natur, Kultur und selbstgebackenen Schwarzwälder Kirschtorten zu laben.

Mir fällt ein, dass ich bereits am Abend zuvor ein zum Wohnmobil umgebautes knallrotes Feuerwehrauto mit der aufgepinselten Botschaft »Don't panic« durch das

Dorf cruisen sah. Und in den folgenden vierzehn Tagen kann ich feststellen, dass vor allem die Lenker wrackreifer VW-Bus-Abgasschleudern ein Faible für den Sticker »Ich schwärme für Sonnenwärme« haben.

Uns schwant, dass es mit der beschaulichen Wochenendruhe und der von uns so geschätzten radikalen Ereignislosigkeit erst mal vorbei sein wird. Warum auch nicht. Einmal im Jahr können wir ein bisschen Tandaradei gut verkraften. Auch unser Dorf hat sich gerüstet für den Ansturm der landlüsternen Besucher von nah und fern.

Vor Ernas Häuschen steht nun ein Holzschild, das radelnden KLPlern in Not einen WC-Besuch für 50 Cent pro Sitzung offeriert. Und auf dem Erdmann-Hof dürfen wir hautnah miterleben, wie sich Haltung mit kreativer Energie und Lust am Tabubruch verbündet. »Endlich mal was los hier«, findet Carina Plate und spricht damit der Mehrheit der Polkefitzer aus dem Herzen. Lärmbelästigung, Autokorso, zugeparkte Grünflächen? Alles kein Grund zur Klage. Die meisten sind stolz darauf, dass ihre zugereisten »Erdmännchen« es tatsächlich geschafft haben, dem Dorf zum ersten Mal einen Platz auf der KLP-Landkarte zu sichern und den Ort zum Publikumsmagneten zu machen. Menschen, Tiere, Attraktionen, direkt vor dem Hoftor. Herrlich.

Kalle, die wendländische Antwort auf Robert Pattinson, hat nach Rogers Wünschen ein Torf-Klo installiert, auf dem der gesinnungstreue Aktivist unter dem Logo »Wir scheißen auf Atom« Erleichterung findet. Auf der Hofwiese verbreiten bunte Zirkuswagen, ein blau-gelbes Zelt und die provisorisch aufgebauten Gehege für dressierte Ziegen, Ponys und Hängebauchschweine nostalgische Gaukler-Atmosphäre. Dazwischen der Bauwagen einer »Kunstnomadin«, die sich selbst, nebst ihrer Galerie gemalter Eigenschöpfungen, durch die Weltgeschichte kutschiert und bei einem Tässchen Brennnesseltee von ihren Reiseabenteuern erzählt. Zum Dank dafür legen die Zuhörer ein paar Euro in die bereitgestellte Hut-Kasse. Und machen dann vielleicht noch einen Abstecher in die rollende Behausung einer Dame namens Gwendolin Altenhöfer, die als »Seelenhebamme« vom mobilen Bestattungsunternehmen »Die Barke« über sanfte Totenwaschungen und würdevolle Aufbahrung der Verstorbenen referiert.

Genau das scheint es zu sein, wonach sich erschöpfte Großstädter sehnen. Was Bodenständiges, Handfestes, manchmal kurios, komisch, skurril. Nicht Burgtheater-Hochkultur und artifizielle Kunsttempel-Heiligkeit, sondern rustikale Labsal für Leib und Seele mit Bauern-Comedy, Flamenco tanzenden Geburtshelferinnen und tibetischen Klangmassagen. Und alles ist ohne die übliche Schwellenangst zu bewältigen.

Der Erdmann-Clan hat mit der Programmgestaltung jedenfalls alles richtig gemacht. Ob Clownstheater, Aero-Tanztheater, Kunst im Irrlicht des Windlichts oder die Ausführungen eines Bienenflüsterers – das Publikum strömt herbei. Neugierig, interessiert, wissbegierig.

Nur der Kulturzirkus-Kritiker an meiner Seite verfolgt das bunte Treiben mit einer gehörigen Portion Argwohn. Als wir in der Scheune an den Ständen der Kunsthandwerker vorbeischlendern, nörgelt er: »Möchte mal wissen, was Eier- und Hüftwärmer aus Filz oder Kraftsteine für Haus und Garten mit Kultur zu tun haben.«

Aus Erfahrung weiß ich, dass wir für solche Diskussionen unbedingt flüssigen Besänftigungsstoff brauchen, und dirigiere den Stänkerer zur Quelle eiskalt sprudelnder Inspiration.

Unter dem Schleppdach, vor einem der Stallgebäude, ist wie von Zauberhand ein Open-Air-Bistro entstanden, samt Tresen, Zapfanlage, Regalsystemen für Gläser und Geschirr, Kuchentheke und Profiküche. Die Begeisterung für diese Art selbstgebastelter Eventgastronomie steht Rogers Töchtern Lea und Sophie ins Gesicht geschrieben. Unterstützt von einem Team junger Polkefitzer, wuseln die Teenies mit hochroten Köpfen um die zu Tischen aufgebockten Stalltüren, servieren Wendland-Bräu und Caipirinhas, Veggie-Burger und Schokokuchen, während coole Jazz-Klangfetzen aus dem vom Mist befreiten Güllesilo herüberwehen und mit dem Geschnatter der Gänse und Enten verschmelzen. Es ist ein angenehmes, lässig entspanntes Ambiente. Ein Fest für die Sinne.

Ein bisschen zu sinnlich vielleicht. Ich bemerke, dass Sophie dem Torf-Klo-Bauer hin und wieder einen schmachtenden Blick zuwirft. Aber Kalle hat nur Augen für eine stramme Brünette in einem neongelben Batik-Leibchen, das ihre weiblichen Vorzüge zum Überquellen bringt. Wie die Nacktschnecke am Felsen kleben seine Pupillen an dem ausladenden Prachtdekolleté.

Hilft ja nix, sagt der Polkefitzer in so einem Fall. Das Leben ist kein Wunschkonzert. Selbst mein geliebter Vierbeiner könnte ein Liedchen davon kläffen. Luna ist seit Wochen heftig verknallt und verschwendet ihre Gefühle an einen hochbeinigen Jagdhund-Schönling aus der Nachbarschaft. Sehnsüchtig fiepend steht sie regelmäßig vor dem Zaun seines Gartens. Aber der Angebetete hält es nicht mal für nötig, seinen Luxuskörper zu erheben und sie zu begrüßen. Ein gelangweilter Blick, mehr ist nicht drin für die hübsche Schwarze. Nur wenn Anna zu Besuch kommt, die aus La Palma immigrierte windhunddünne Mischlingsdiva meiner Freundin Claire, dann kommt der Kerl sofort auf die Beine, überwindet aus dem Stand mit einem eleganten Sprung die Umzäunung und macht der Straßenköter-Blondine nach allen Regeln der Kunst den Hof. Egal, ob Menschen- oder Hundemädchen: Es sind doch immer die Schufte, die am meisten geliebt werden.

Wir setzen uns an einen Tisch unter die große Kastanie, die den Innenhof beschattet.

»Weißt du, was ich glaube?«

Der Mann an meiner Seite nimmt einen tiefen Zug aus dem Glas und schaut mich grimmig an.

»Diese KLP ist hauptsächlich dazu da, um Selbstdarstellern aller Couleur die Möglichkeit zu geben, sich vor Publikum zu produzieren und der Menschheit mal vorzuführen, was sie alles nicht kann. Klanginstallationen, visionäres, schamanisches Allerlei, Lyrik unter Birkenzweigen – du lieber Himmel! Kannst du mir bitte einen vernünftigen Grund nennen, warum ich mir in einem stickigen Saal den Obertongesang aus der inneren Mongolei oder entfesselte Blech- und Blasmusik aus Rumänien anhören soll?«

An unserem Tisch hat unterdessen ein Damen-Grüppchen in folkloristischen Wallegewändern Platz genommen. Die Beine unter dem bunten Lagen-Look stecken in roten, grünen und schwarzen Leggins. Und selbst bei den Haaren setzt die farbenfrohe Truppe auf Signalwirkung. Ihr modisches Frisurbewusstsein manifestiert sich in mindestens einer lila, orange oder hennaroten Strähne. Dass die Freundinnen aus der Hauptstadt angereist sind, ist nicht zu überhören. Auch nicht das Entzücken über ihren Kulturtrip aufs Land.

»Det war eenfach ne superjute Idee, Brittachen. Jenau det Richtje für uns.« Sie schwärmen von Theater- und Kabarettaufführungen, von den »bewejenden künstlerischen« Aussagen zur Atomkraft in der Ausstellung »Contrapunkt«, von der Konzeptart des Ateliers »Alte Sargtischlerei« – und von der besten Biobratwurst, die sie je gegessen haben.

Begeisterungsfähige Großstädterinnen aus der »Generation fünfzig plus«, die in Phantasiegewändern dem Alter eine Nase drehen und im ländlichen Kulturraum Anregung und Genuss suchen, gehören ganz klar zum Kernpublikum der KLP. Gefolgt von jungen Familien mit Kleinkindern, die in ihren hochmodernen Vans alles mitschleppen, was zur Brutpflege vonnöten ist. Und schließlich die Gruppe der grün-alternativen Ökoaktivisten, die Handzettel gegen Tierversuche, Hühner-Turbo-Mastbetriebe und Energiegroßkonzerne verteilen oder für die vegane Lebensform werben.

»Natur ist schön, Kunst ist schön, beides jehört zusammen«, referiert eine der KLP-Damen an unserem Tisch.

»Det hast du aber schön jesagt«, lobt ihre Sitznachbarin.

»Det is von Friedensreich Hundertwasser. Könnte aber ooch glatt von mir sein.«

Sie lachen. Und beschließen dann, der malenden Nomadin einen Besuch abzustatten.

»Siehst du«, sage ich zum Mann, »das ist es, was Menschen glücklich macht. Natur und Kultur. Neugierig sein. Sich treiben lassen. Offen sein für Entdeckungen.«

»Und Biobratwurst«, brummt er. Aber ich glaube, in seinen Augen ein Fünkchen Versöhnlichkeit und erwachendes Interesse erkannt zu haben.

Das ist meine Chance. Ich blättere in dem dreihundert Seiten starken Programmheft, auf der Suche nach den Perlen im Meer der Angebote. 600 Aussteller in 84 Orten. Wäre doch gelacht, wenn sich da nicht etwas finden ließe, um aus dem Fünkchen vielleicht doch noch ein Feuer werden zu lassen. Die Hinweise auf Gewebtes, Geschreinertes, Getöpfertes, Gedrechseltes, Ledernes, Seidengemaltes, auf Sachen aus Zinn, Ton, Textil, Holz und Stein, auf Essig, Meersalz und Likör aus Schafsmilch verschweige ich lieber. Auch die Feuerschlucker, Märchentanten, Pantomimen oder die Kurse »Kochen mit Brennnesseln«, »Kühe holen und melken« oder »Salben rühren«.

Das Dorf Marleben wirbt für Musik und Lyrik zur blauen Stunde. Mit Adelheid Krause-Pichler an der Querflöte und Birgit Klosterkötter-Prisor als Poesie-Performerin. Die Doppelnamen-Damen mögen mir verzeihen: Schöner hätte Loriot das auch nicht erfinden können.

»Aber hier«, sage ich und halte dem Mann das Programmheft unter die Nase, »das klingt doch interessant: Ökologie & Kunst = Transformation. Ein Dämmstoff aus Altpapier wird zum Baustoff für Kunst. Eigene Wertpapierschöpfung, eine Ausstellung des Museums der unerhörten Dinge. Und dann noch eine jazzende Biobäuerin.«

»Also gut«, sagt er, »fahren wir nach … Wie heißt der Ort?«

»Kröte!«

»Kröte? Nicht dein Ernst.«

»Doch. Das ist original wendisch und heißt Maulwurf.«

Als wir in dem kleinen Künstlerdorf ankommen, ist der KLP-Kritiker plötzlich wie ausgewechselt. Wir streifen durch die zu geräumigen Ateliers umgebauten Höfe, und ich messe seine wachsende Begeisterung an den immer länger werdenden Intervallen, in denen er vor einzelnen Exponaten stehen bleibt, um sie aufmerksam zu studieren. Vor einer weiß gekalkten Wand hängt ein aus Dämmstoff gearbeiteter Mantel, auf einem Podest wird eine Art Kimono aus Iso-Floc zum Blickfang, und ein paar Schritte weiter stoßen wir auf die Figur eines Kindes, das sich schutzsuchend in ein Schultertuch aus demselben Material kuschelt.

»Wirklich originell«, höre ich ihn sagen, »und eine tolle Idee der Organisatoren, allen Künstlern die Aufgabe zu stellen, aus einem ihnen völlig unbekannten Material, das als reiner Baustoff gedacht ist, was ganz anderes zu schaffen.«

Vor allem der völlig starre Mantel, der einsam in dem riesigen Raum hängt, fasziniert ihn.

»Da liegt Spannung drin und gleichzeitig was Meditatives«, urteilt er, »erinnert mich an Günther Uecker, der mit seinen Nägeln in Alltagsmöbeln den Dingen eine andere Dimension verleiht.«

Ich bin baff. Und hochzufrieden. Er will gar nicht mehr weg aus dem jahrhundertealten Minidorf und findet, dass sich die Kröter mit ihrer anspruchsvollen Kunstoase vorbildlich an der Ursprungsidee orientiert haben.

Tatsächlich entstand die ländliche Event-Kultur vor zwanzig Jahren als Fest zum Protest. Wunde.r.punkte – so hieß der Vorläufer der heutigen KLP. Ein gutes Dutzend Künstler und Kulturschaffende hatte sich zusammengetan, um sowohl die »wunden Punkte« als auch die wundersamen Orte ihrer Heimat mit ihren Mitteln zu thematisieren. In Bildern, Objekten, Skulpturen und Installationen zeigten sie Haltung. Gegen die Kernenergie und das geplante Endlager im Salzstock unter dem Gartower Forst. Und vor allem gegen den hessischen Ministerpräsidenten und späteren Innenminister Manfred Kanther, der die Gorleben-Gegner im Wendland öffentlich als »unappetitliches Pack« geschmäht hatte. Offenbar Ausdruck seiner ohnmächtigen Wut auf diese kreativen Störenfriede, die mit listigen Aktionen wie »Wir sprengen die Gleise« gegen Castortransporte rebellierten – und Kinder mit Gießkannen losschickten, um die Schienen zu wässern.

Da schrumpfte der Mensch an den Hebeln der Macht ganz schnell zum Hanswurst. Dass der in die Parteispendenaffäre der hessischen CDU verstrickte Law-and-Order-Mann 2007 wegen Untreue verurteilt wurde – und somit vorbestraft ist –, erscheint in dem Zusammenhang als Ironie des Schicksals. Man könnte auch sagen: als späte Rache des Herrn an seinem selbstgerechten pechschwarzen Schaf.

Auch als Minister schickte er bis an die Zähne bewaffnete Polizei-Kohorten aus allen Teilen des Landes in die Region, für die am Stadtrand von Lüchow eigens eine Kaserne hochgezogen worden war, er ließ Aktivisten festnehmen, drohte mit saftigen Strafen für zivilen Ungehorsam. Es nützte nichts. Das »Pack« wollte einfach nicht in die Knie gehen. Im Gegenteil: Es holte aus zu einem ebenso eleganten wie nachhaltigen Gegenschlag und bewies höchstes Geschick in der Wahl seiner Waffen, indem es den Angriff des Polit-Hardliners mit Ästhetik und Phantasie parierte.

Die Idee, für zwei Wochen Werkstätten und Ateliers zu öffnen und Menschen zu sich einzuladen, war der Beginn einer kulturellen Evolution. Die Protestaktion ging in Serie. Von Jahr zu Jahr kamen mehr Besucher. Mehr Künstler. Und auch mehr Anbieter von Schmuckstücken, Filzpantoffeln und Leinenkissen. Der wachsende Erfolg entzweite die Initiatoren. Es wurde heftig diskutiert und gestritten um ein Zuviel an Kommerz und Jahrmarktatmosphäre. Manche zogen sich zurück, die anderen einigten sich 1994 darauf, dem Kind einen neuen Namen zu geben: Kulturelle Landpartie – Wunderpunkte im Wendland.

Geblieben ist die politische Dimension, die dem fröhlichen Treiben auch nach zwei Jahrzehnten noch seinen Stempel aufdrückt.

Das gelbe X, Zeichen des Widerstands, hängt frisch gestrichen an den meisten Scheunentoren und signalisiert den Besuchern: Unser Kampf geht weiter. Gewaltfrei und mit der nie versiegenden Hoffnung, am Ende doch zu gewinnen.

Als wir Kröte verlassen, sagt der Mann: »Beim nächsten Castortransport sollten wir auch mal unseren Arsch hochkriegen. Vielleicht können wir auf dem Monstertrecker von Plate mitfahren. Der ist doch unser Polkefitzer Blockade-Spezialist mit langjähriger Demo-Erfahrung.«

Ich nicke zustimmend.

»Vielleicht sollten wir vorher noch einen Gesellschaftsanteil der Salinas Salzgut GmbH erwerben. Kostet 250 Euro.«

Er schaut mich fragend an.

»Eine kleine Firma. Die wollen in Gorleben Salz abbauen und werben mit den Slogans ›Lieber Salz fördern als Atommüll lagern‹ und ›Strahlenfrei aufs Frühstücksei!‹. Klingt doch nach einer vernünftigen Investition.«

»Wenn du meinst … Ich ess mein Ei zwar ohne Salz, aber das Wir-Gefühl zu stärken ist ja auch 'ne Art Rendite.«

Als wir langsam über die Dörfer Richtung Heimat rollen, dämmert es bereits. Auf unserem heimischen Rundling parken die Autos dicht an dicht. In den schmalen Zwischenräumen haben einige Besucher Campingstühle aufgebaut, sie quatschen, trinken und rauchen den mitgebrachten Stoff. Direkt neben unserer Hofeinfahrt steht ein fettes Wohnmobil. Davor sitzt eine junge Mutter und stillt ihr Baby. Schräg gegenüber hält ein knutschendes Hippie-Pärchen die Bank unter den Kastanien besetzt. Und von irgendwoher tönt »Whole Lotta Love« von Led Zeppelin.

»Showtime in Polkefitz«, flüstere ich dem Rock-Fan an meiner Seite zu, »das hat doch was.«

Über dem Erdmann-Hof schwebt rötliches Licht. Trommelwirbel künden von einem Spannungsmoment in der gerade laufenden Show der Feuerschlucker und Akrobaten.

»Lass uns doch noch rübergehen zu Roger, auf einen Absacker.«

Ich weiß genau, dass der Mann an meiner Seite eine ausgeprägte Aversion gegen zirzensische Turnübungen hegt. Aber das Woodstock-Feeling und der Ausflug nach Kröte haben ihn offenbar in eine solch milde Stimmung versetzt, dass selbst akrobatische Feuerzauberer ihre abschreckende Wirkung verlieren.

Wunderwaffe KLP. Ich traue meinen Ohren kaum und sage nur:

»Super Idee. Der perfekte Ausklang für einen perfekten Tag.«

Dorffest mit Spaßbremsen

Als ich die Augen aufschlage, merke ich sofort, dass etwas nicht stimmt. Mein Sichtfeld ist eingeschränkt. Ich betaste die Haut unter dem linken Auge und fühle einen Höcker, der aus meinem Gesicht herauswächst. Die Kuppe ist heiß. Darunter pocht es unangenehm. Nach dem Sprint ins Bad betrachte ich das Ausmaß der Bescherung. Ein zugeschwollenes, blutunterlaufenes Schweinsäuglein glotzt mir entgegen. Ich sehe aus wie Quasimodos hässliche Schwester. Die Stechmücke hat ihren Rüssel offenbar direkt unter dem Lidrand in die Haut gebohrt. Das Mistvieh! Hätte ich doch bloß gestern Nacht nicht so schnell aufgegeben. Meine Schuld. Aber ich war einfach zu müde, um mir mit der Fliegenklatsche in der Hand die Nacht um die Ohren zu schlagen. Ich habe darauf vertraut, dass die sirrenden Plagegeister mich verschonen und stattdessen zur Abwechslung mal ein paar Züge leckeres Männerblut schlürfen. Dabei hätte ich aus Erfahrung wissen müssen, dass meine Chancen, ungeschoren davonzukommen, gleich null sind. Es scheint ein Naturgesetz zu sein: Frauen sind Beute, den Blutsaugern hoffnungslos ausgeliefert. Ich werde gestochen. Immer. Der Mann schnarcht friedlich an meiner Seite, ohne Blutspendedienste zu leisten.

Nicht nur in der Nacht, auch tagsüber läuft die Attacke. Das sind die Momente, in denen das Landleben menschenfeindlich wird. Frauenfeindlich. Meine Liebe schlägt kurzfristig um in blanke, blinde Wut.

In der Stadt verirrt sich ab und zu mal eine Fliege in unsere Wohnung. Aber hier wird selbst die gemeine Musca domestica zur Plage. In Küche und Stube baumeln – scheiß auf die Ästhetik – hässliche gelbe Klebefallen vor den Fenstern, von der Decke, von den Lampen. Die Fliegenfängerindustrie verdient gut an mir. Denn kaum habe ich die ekligen Todesstreifen ausgewechselt, sind sie wieder dicht besetzt mit Hundertschaften der schwarzen Zweiflügler, die trotz Gittertüren in die Wohnräume eindringen.

Die Küche ist Sportplatz. Kampfarena. Centerecourt. Bei der Zubereitung von Mahlzeiten hantiere ich nicht nur mit Messern und Kochlöffeln, sondern auch mit einem ganz besonderen elektronischen Küchenhelfer. Er hat die Form eines Tennisschlägers und ist ein äußerst nützliches Geschenk meiner Freundin Christine. Habe ich einen der Quälgeister erwischt, ertönt ein leises Zischen. Jede gegrillte Fliege – Match-Point für mich. Vielleicht sollte man Insektentennis als neue olympische Disziplin anmelden. Ich hätte gute Chancen auf eine Medaille. Wie war das noch? Sport ist Mord! Es gibt nichts, worauf ich lieber verzichten würde.

Jetzt im Hochsommer steht, neben Fliegen, Mücken und Zecken, eine Spezies ganz oben auf meiner persönlichen Streichliste überflüssiger Kreaturen: Bremsen. Hundsgemeine Spaßbremsen, die mein Paradies zur Hölle machen.

Warum musste die Kihansi-Gischtkröte aussterben, während diese Plagegeister fröhlich weiterleben? Völlig geräuschlos lassen sich die Biester auf allen erreichbaren Körperteilen nieder, dringen durch die Haare bis zur Kopfhaut vor und bohren ihre Saugwerkzeuge sogar durch Stoff. Man bemerkt sie erst, wenn's weh tut, und dann ist sowieso alles zu spät. Auch meine Versuche, mich mit Lotionen, Sprays, Cremes und allerlei homöopathischen Ölen und Tinkturen der Angriffe zu erwehren, sind von mäßigem Erfolg gekrönt.

»Wer mich anschaut«, sage ich mit klagender Stimme zum Mann, der mit einer Mischung aus Besorgnis und Abscheu die rötliche, juckende Kraterlandschaft auf meiner Haut betrachtet, »könnte auf den Gedanken kommen, dass die Beulenpest nach Mitteleuropa zurückgekehrt ist.«

Statt mitfühlender Anteilnahme dringt der unerhört einfühlsame Satz an meine Ohren: »Du darfst halt nicht kratzen!«

Mit dem mir verbliebenen intakten Sehwerkzeug inspiziere ich eine besonders erhabene Beule am Oberarm, eine andere auf der Stirn und jammere. »Aber heute ist Dorffest. So kann ich doch nicht unter die Leute.«

»Ach was«, kontert der stichwundenfreie Macker ungerührt, »das Dorffest ist doch kein Schönheitswettbewerb. Ich könnte dich dort als schaurige Attraktion präsentieren. Statt Geisterbahn. Du erschreckst unsere Nachbarn – und ich gehe mit dem Hut rum.«

Mir ist überhaupt nicht nach Scherzen zumute. Doch er macht einfach weiter. »Nach ein paar Bierchen fällt sowieso niemandem mehr auf, dass ich mein Leben mit einer einäugigen Pestbeule teile.«

Ich beschimpfe ihn als kaltschnäuzigen Mistkerl. Die Antwort kommt in Form eines mit Eiswürfeln gefüllten

Gefrierbeutels, den er mir aufs Auge drückt. »Manchmal ist Kälte die beste Medizin.«

Kein Schönheitswettbewerb. Eine Frechheit! Tut gerade so, als sei ich eine kapriziöse Beauty-Zicke. Dabei finde ich mich äußerst pflegeleicht. Seit er mich aufs Land verschleppt hat, kann ich feststellen, dass es mit meiner weiblichen Eitelkeit rapide bergab geht. Früher stand ich an den Wochenenden gerne und ausdauernd vor dem Spiegel. Schminken, aufrüschen, ausgehen. Dünne Fähnchen. Hochhackige Pumps. Partytime. Hat Spaß gemacht. Heute gehört zum Weekend-Feeling der Verzicht auf jeden eleganten Anstrich. Mein modisches Bewusstsein ist gegen null geschrumpft. Und bis auf die Benutzung von Wimperntusche und Lippenstift verflüchtigen sich Reste von Gefallsucht sowieso im aufsteigenden Morgennebel. Wenn ich in aller Herrgottsfrühe mit dem Hund zum ersten Spaziergang den Hof verlasse, treffe ich allenfalls einen Nachbarn, der sich genauso wie ich unter allwettertauglichen unförmigen Kleidungsstücken versteckt. Nicht stylisch, aber praktisch.

Klamotten allein danach auszuwählen, dass man trocken und warm oder luftig und bequem durch Sonne, Wind und Regen kommt, war für mich eine absolut neue Erfahrung.

Ich erinnere mich noch gut an den Moment, als ich in unserer Küche saß und in einem dieser Hochglanz-Modemagazine blätterte. Karl-der-Große-Lagerfeld, las ich da, hatte während der Pariser Modewoche Heuballen ins Grand Palais karren lassen. Tolle Fotos. Seine Topmodels tänzelten barfuß oder auf Highheel-Holzclogs in entzückenden Super-Mini-Häkel-Hängerchen mit applizierten Mohnblumen durch eine eigens aufgebaute Scheune – und wälzten sich schließlich im getrockneten Gras. Wow, ich war echt begeistert. Selbst Chanel goes Country.

Dann schaute ich etwas bedröppelt an mir runter und dachte einen kurzen Moment: Shit! Dein Outfit hat mit Bohemien-Country, oder wie immer der neue Style heißen mag, nicht das Geringste zu tun. Du siehst eher aus wie eine Country-Schlampe. Deine Füße stecken nicht in angesagten Luxus-Label-Gummistiefeln in Knallrot oder mit Leo-Print, sondern in ausgelatschten, verschlammten Tretern im Tippelbruder-Look. Deinen Körper ziert auch kein hipper Tweedrock mit seitlichen Schlitzen, sondern ausgebeulte Jeans und ein formloser Pulli, in dem dein verspielter Köter seine Gebiss-Spuren verewigt hat.

Da überfiel mich plötzlich eine ferne leise Wehmut, weil ich erkannte: Das Luxusweibchen in mir ist mausetot. Und ich hatte es auch noch freiwillig zu Grabe getragen. War es nicht mein gutes Recht, ihm zum Abschied ein paar Tränen nachzuweinen? Dann malte ich mir aus, wie ich auf hochhackigen Clogs im Slalom um die Maulwurfshügel über unsere Wiese eiere, und kam zu der Einsicht, dass Verzicht auch etwas Befreiendes haben kann. Kein Zwang zur Selbstinszenierung, zum großen Auftritt. Unser Dorfplatz war kein Catwalk, und die stylische Landpartie à la Chanel würde den Praxistest hier draußen ohnehin nicht bestehen. Solche Extravaganzen taugten wohl nur für Großstädter und Fashionistas mit absolutem Stilwillen, die zur Wochenendsause auf die gepflegten Ländereien von Prinz Charles oder Liz Hurley geladen werden. Trotzdem: Kurz vor dem Einschlafen träumte ich von diesen hübschen, knallroten Gummistiefeln ... Müssten ja nicht unbedingt von Chanel sein.

Das Dorffest. Es gehört eindeutig zu den Höhepunkten der Polkefitzer Festsaison. Seit Wochen schon haben wir den Termin in unseren Köpfen gespeichert. »Kneifen gilt nicht«, hatte uns Paul am Abend zuvor noch gewarnt. »Ihr seid persönlich eingeladen. Für eine Absage gibt es nur zwei akzeptable Gründe. Entweder ihr sitzt im Knast oder ihr seid tot.«

»Ich bin so gut wie tot«, wimmere ich am Morgen des Festtages, lüpfe den Eisbeutel ein wenig und lenke Pauls Aufmerksamkeit auf meine Stichverletzung.

»Kühlung ist das Beste«, sagt der ganz pragmatisch, »und bis heute Abend ist das doch längst abgeschwollen.«

Männer!

Dabei soll die Festlichkeit bereits am frühen Nachmittag beginnen. Das Organisationskomitee unter der Leitung des langjährigen Bürgerschaftssprechers, der von allen nur respektvoll »der Senator« genannt wird, hat sich in mehreren Sitzungen den Kopf darüber zerbrochen, welche Lustbarkeiten das Programm bereichern könnten. Und war zu dem Schluss gekommen, dass eine gemeinsame Fahrradtour eine willkommene Abwechslung darstellen würde, bevor sich die Polkefitzer dann gegen 19 Uhr an den Biertischen auf der Dorfwiese versammeln würden. Die Planer hatten folgenden Ablauf vorgesehen: Abfahrt 14 Uhr, erster Stopp nach 15 Kilometern in einem Dorfgasthof. Kaffee und Kuchen. Danach: Weiterfahrt zu einem geschichtsträchtigen Kirchlein aus dem Mittelalter. Dort fachkundige Führung durch das Gotteshaus. Gegen 18 Uhr Rückkehr ins Dorf. Essen. Trinken. Feiern bis zum Umfallen.

Absagen unerwünscht.

Ich verstecke mich also hinter meiner größten Sonnenbrille und stinke, von Kopf bis Fuß mit Insektenspray eingenebelt, wie eine Chemiefabrik. Kurz bevor wir die Fahrräder aus der Tenne schieben, schaue ich auf das Thermometer.

»37 Grad im Schatten«, sage ich zum Mann, »wir müssen verrückt sein. Wenn wir das überleben, sind wir reif für die Dschungelprüfung in der Fremdenlegion.«

Auch er blickt noch einmal sehnsüchtig zu den Liegestühlen unter dem schattenspendenden Blätterdach des großen Walnussbaums, dann schwingen wir uns in der Gluthitze auf den Sattel. Paul und Helena wollen mit dem Auto nachkommen. »Unsere Räder haben einen Platten«, flunkert der Nachbar, ohne rot zu werden.

Auf dem Rundling werden wir bereits erwartet. Bis auf ein paar Hypertoniker, Gehbehinderte und unsere Drückeberger-Nachbarn sind tatsächlich alle mit von der Partie. Der Jüngste ist sieben, die Älteste 76. Auch Erna sitzt auf ihrem Drahtesel. Sie geht, im Gegensatz zu uns, bestens gerüstet an den Start. Ihren Kopf ziert ein großer ausgefranster Strohhut, im Korb auf dem Gepäckträger hat sie Wasservorräte, Sonnenmilch und einen selbstgemachten Kräuter-Öl-Mix gegen Insekten dabei.

»Na, dann wollen wir mal«, ruft sie gut gelaunt und setzt sich an die Spitze des Zuges. Wir folgen ihr wie die Kinder dem Rattenfänger von Hameln. Ein Häuflein Wahnsinniger, die sich und der Welt beweisen wollen, was ein Körper alles aushält.

»Wer daran gewöhnt ist, sich bei nasskaltem Sauwetter an die Gleise zu ketten«, raune ich dem Mann zu, »den haut offenbar auch ein Trip durch den Backofen nicht um.«

Obwohl wir keinerlei Bergetappen zu bewältigen haben, leuchten unsere Gesichter nach wenigen Kilometern in einem wenig ansprechenden Signalrot. Die Sonne brennt gnadenlos auf uns herab. 40 Grad? Oder 45? Haare und Klamotten kleben am Körper, der Schweiß rinnt in Sturzbächen, mein Auge juckt, und ich beginne von eiskalten Gebirgsseen und gekühlten Getränken zu halluzinieren.

»Nimm dir ein Beispiel an Erna«, ruft mir die Rothaut an meiner Seite aufmunternd zu. »Da vorne sehe ich schon die ersten Häuser. Gleich müssten wir da sein.«

»Ich freue mich schon auf einen schönen heißen Kaffee«, entgegne ich und erschlage eine Bremse, die sich auf meinem linken Handrücken niedergelassen hat.

Als wir fix und fertig endlich den idyllischen Kaffeegarten erreichen, erblicken wir eine lange, hübsch gedeckte Tafel. Mitten in der prallen Sonne. Kein Schirm, kein Baum, kein Zeltpavillon wirft auch nur den klitzekleinsten Schatten. Ich komme mir vor wie in einem dieser Filme, in denen es der gepeinigte Wüstendurchquerer mit letzter Kraft geschafft hat, die rettende Quelle zu erreichen – um dann festzustellen, dass im Wasser ein Tierkadaver schwimmt.

Wie gut, dass es Menschen gibt, die in solchen Momenten sofort wissen, was zu tun ist. Unter dem leisen Protest der Kaffeehausbetreiber und dem resoluten Kommando von Carina Plate räumt die ausgepowerte

Dorfgemeinschaft Geschirr, Besteck, Zucker- und Milch-kännchen in einen Nebenraum des Hauses – und sinkt erschöpft auf die Stühle.

Emsig schleppen die Servicekräfte Kaffeekannen her-bei, bis sie endlich unseren matten »Wasser, Wasser«-Rufen Gehör schenken.

»Wenn ich wählen müsste«, sage ich nach dem ersten köstlichen Schluck, »würde ich lieber ertrinken als ver-dursten.«

»Schau mal, was da kommt«, sagt der Mann, ohne auf meine absonderlichen Todeswünsche einzugehen, macht aber ein Gesicht, als sei der Leibhaftige durch die Tür getreten. Es ist allerdings kein Teufel zu sehen. Und wenn doch, dann hat er die Form einer Buttercremetorte angenommen. Groß wie ein Wagenrad, wird der gewal-tigste »Frankfurter Kranz«, den ich je gesehen habe, di-rekt vor meiner Nase platziert. Flankiert von Schwarz-wälderkirsch und Sahnebaiser. Ach ja, die Türme aus Butterkuchen nicht zu vergessen.

Ungläubig schweift der Blick des Mannes von mir zu dem fettglänzenden, mit reichlich Krokant verzierten Biskuit-Monster. Ich weiß, dass er für Buttercremetorte ungefähr so viel übrighat wie ich für Bremsen. Nicht mal bei minus 20 Grad käme ihm eine solche Schnitte auf den Teller.

»Nimm dir ein Beispiel an Erna«, wispere ich, wäh-rend ich meiner Sitznachbarin das gewünschte extra-große Stück Frankfurter serviere.

Mit Kaffee und Kuchen im Bauch geht's weiter zum nächsten Programmpunkt. Durch sonnensatte Kornfel-der, lichte Birkenhaine und dichten Eichenwald. Dann, endlich, tauchen wir ein in die Kühle des uralten Kirchengemäuers. Selten dürfte eine Besuchergruppe so dankbar auf das unbequeme Gestühl gesunken sein, um den Ausführungen der Kuratorin zu lauschen. Ein Gottesgeschenk, himmlisch erfrischend – selbst für Ungläubige.

»Dieser Ausflug«, meint der Mann nach unserer Rückkehr, »wird in die Polkefitzer Dorfgeschichte eingehen. Wirklich ein Wunder, dass niemand kollabiert ist.«

Ich stehe vor dem Spiegel und betrachte mein immer noch leicht gerötetes Gesicht. Die Schwellung am Auge ist auch noch nicht verschwunden. An Armen und Beinen finde ich außerdem ein paar frische Einstichlöcher. Was soll's! Ich schneide meinem Spiegelbild eine Grimasse und murmele ihm zu: Du siehst aus wie eine angestochene Festsau, Schweineäuglein inklusive. Mach das Beste draus.

»Ach übrigens, Erna hat mir verraten, was es heute Abend zu essen gibt.«

Der Mann ist gerade dabei, Luna mit einem Stück getrocknetem Pansen für unsere lange Abwesenheit zu entschädigen.

»Wahrscheinlich das Übliche. Grillwürste, Steaks und Salat. Oder?«

»Ganz falsch.« Ich mache eine dramatische Kunstpause. »Es gibt Schweinekrustenbraten, Kartoffelgratin und Bohnen. Und zum Nachtisch die Reste von der Buttercremetorte.«

»Ist nicht wahr!«

»Doch! Die Polkefitzer ticken halt ein bisschen anders. Salat – kann doch jeder. Aber Gratin bei 35 Grad, das hat was.«

»Hab ich's nicht gesagt?« Ein ergebenes Lächeln spielt

um seinen Mund. »Diesen Tag werden wir so schnell nicht vergessen.«

Und die Nacht auch nicht. Denn sie endet nach der Tour de Force am Nachmittag früher als üblich. Und mit einer weiteren Überraschung. Es ist noch Bier im Fass. Ein Tatbestand von allergrößter Seltenheit.

Denn normalerweise tritt der Wendländer im Allgemeinen und der Polkefitzer im Besonderen alkoholischen Getränken stets furchtlos gegenüber. Eine frühkindliche Prägung? Es geht die Mär, dass in vergangenen Jahrhunderten bereits Neugeborenen niederprozentiges Bier verabreicht wurde. Angeblich, weil das Wasser zu sehr mit Keimen belastet war. Manchmal denke ich, dass auch im Kreislauf des Mannes an meiner Seite wendländisches Blut zirkuliert. Wer die Unverfrorenheit besitzt, seiner ausgedörrten Kehle Mineralwasser kredenzen zu wollen, muss sich anhören: »Ich bin durstig und nicht dreckig.«

Weil die Bewohner des Landstrichs so gerne einen zur Brust nehmen, greifen sie nach jedem Strohhalm, um ihre Trinkfreude und -festigkeit unter Beweis zu stellen. Teichfeten, Flachsfeste, Maifeiern, Erntefeste, Scheunenfeste, Schützenfeste, Heufeste, Stoppelfeste, Kartoffelfeste, Schlachtfeste, Jägerfeste.

Man hat schon Flaschen kreisen sehen, nur weil einer den ersten Zilpzalp des Jahres gehört hat oder die Ankunft des ersten Schwarzstorchs in einem 25 Kilometer entfernten Dorf vermeldet wurde. Bis in den Herbst hinein jagt ein Gelage das andere. Dazu kommen natürlich noch die Taufen, Hochzeiten, runden Geburtstage, Jubiläen und Beerdigungen.

Wer als Wochenendnachbar auf Integration in die

dörfliche Gemeinschaft hofft, sollte etwas übrighaben für den Geist in der Flasche.

Mein Problem dabei: Ich mag Biertrinker, aber kein Bier. Zehn Jahre habe ich in München gelebt und zahllose Kellnerinnen im legendären »Franziskaner« fassungslos gemacht, wenn ich zu meiner Weißwurst nicht – wie es sich gehört – Weißbier, sondern Milchkaffee geordert habe. Ich kann wirklich nichts dafür. Wahrscheinlich eine Deformation meiner Geschmacksknospen. Wenn ich tatsächlich mal an einem Bier oder Radler nippe, dann setzen sich die Bitterstoffe stundenlang in meiner Mundhöhle fest. Schnaps vertrage ich überhaupt nur dann, wenn mir ohnehin schon übel ist von zu viel oder zu fettem Essen. Also rette ich mich normalerweise mit ein paar lächerlichen Gläschen Weißweinschorle über den Abend. Manchmal ist mir meine nüchterne Betrachtung des ansteigenden Alkoholpegels der liebenswerten Nachbarn fast ein bisschen peinlich. Ich will um Himmels willen nicht den Ruf einer promillefeindlichen Verweigerungszicke mit mir herumschleppen. Deshalb muss ich ein bisschen tricksen. Die klügste Lösung: Ich bringe was Hochprozentiges mit, übernehme eigenhändig die Befüllung der Gläser samt Verteilung des Feuerwassers und gebe vor, zum Wohle der Zecher großmütig zu verzichten. Das funktioniert ganz gut.

Noch heute schwärmt so mancher Dorfbewohner von unserem samtigen Grappa, den wir in null Komma nix in ihren durstigen Kehlen verschwinden sahen. Natürlich wird auch feste Nahrung gereicht bei all den Gänseessen, Truthahnessen, Haxenessen oder Wildbret-Buffets, aber wohl hauptsächlich deshalb, um Bier, Wein und Schnäpse auf eine solide Basis sickern zu lassen. Wein gilt grundsätzlich als Frauengetränk und wird nicht nach Traube oder Herkunftsland ausgeschenkt, sondern nach Farbe. Rot oder weiß. Gerne mit Schraubverschluss.

Als Karl und Jäger-Willi ihren Sechzigsten feierten, durfte ich einmal mehr feststellen, wie wenig ich in der Trinker-Terminologie zu Hause bin.

»Kommt mit zum Männerkarussell«, begrüßten uns die beiden Jubilare mit vor Freude glühenden Gesichtern. Ein Freund aus Kiel hatte seinen Kumpeln ein ganz besonderes Geschenk gemacht und einen achteckigen Biertresen mit Zapfanlage in der Mitte ankarren lassen. Trinken auf Rädern. Männerkarussell, so lernte ich an jenem Abend, nennen echte Kerle diesen Gerstensaftspender für Herrschaften in den besten Jahren. Ein phantasievoller und durchaus passender Name. Denn irgendwann, wenn man lange genug – also bis zum letzten Tropfen – ausharrt, beginnt sich die Welt um einen herum tatsächlich zu drehen. Das jedenfalls ist das Ziel, auf das alle hinarbeiten.

Bisher haben wir es noch nicht erlebt, dass den Polkefitzern jemals der Stoff ausgegangen ist. Bier gilt als Grundnahrungsmittel, sich nicht ausreichend mit Vorräten einzudecken als GAU, den es dringend zu vermeiden gilt. Sollte aber tatsächlich mal der Ernstfall eintreten, hat irgendjemand immer noch irgendwo ein Fässchen gebunkert und schleppt Nachschub ran. Aus unserer ersten eigenen Gartenfest-Erfahrung haben wir gelernt: 90 Liter sind nur was zum Anschmecken – und in maximal zwei Stunden weg. Zum Glück hat uns der fürsorgliche Genusstrinker an meiner Seite durch sein üppig bestücktes Flaschenbier-Depot vor einer nicht wiedergutzumachenden Blamage bewahrt.

Natürlich gehört auch der 1. Mai zu den traditionellen Trinkfesten. Die Männer lecken sich, wie üblich, das Bierschaumbärtchen von den Lippen, die Frauen schwanken zwischen Wein und Waldmeisterbowle. Rezeptur und Zubereitung des würzigen Getränks liegen in den kundigen Händen von Carina Plate. Sie streift zielgenau durch den benachbarten gräflichen Forst derer zu Blottnitz, kennt die ergiebigsten Fundstellen, an denen die aromatischen Wildkräuter gedeihen, und zaubert daraus eine Mixtur, die erfrischend köstlich nach Frühling schmeckt.

Wann immer wir uns auf den Weg zu einer der vielen feuchtfröhlichen Festivitäten machen, rezitiert der Rotweinfreund an meiner Seite: »Es trinkt der Mensch, es säuft das Pferd, im Wendland ist es umgekehrt.« Eine kleine Sottise, die er durchaus als Selbstironie verstanden wissen will. Schließlich sei er ja auch kein Kostverächter. Zum Glück konnte ich noch nie beobachten, dass der Genuss alkoholischer Getränke den Aggressionspegel der Polkefitzer in die Höhe treibt. Sie werden redselig, aber keineswegs ruppig. Auch Totalausfälle kommen erstaunlicherweise selten vor.

Manchmal aber doch.

»Immer diese elende Sauferei«, schnaubte eine homöopathisch orientierte Dorfbewohnerin beim letzten Maifest. Sie hatte eine mit heißem Wasser befüllte Thermoskanne dabei und postierte das Ding demonstrativ auf dem Tisch der festlich geschmückten Tenne. Irgendwo hatte sie gelesen, dass heißes Wasser eine gesundheitsfördernde Wirkung auf den gesamten Organismus besitzt. Nach ein paar Stunden, in denen sie inmitten der heiter gestimmten Zechgemeinde brav am mitgebrachten Wässerchen nippte, wurden wir Zeugen, wie auch die besten Vorsätze ins Wanken geraten können. Die Dame war, keiner weiß, warum, plötzlich umgestiegen. Auf Boonekamp, einen 48-prozentigen Magenbitter. Und sie verteidigte »ihre« Flasche vehement gegen den Zugriff potentieller Mittrinker. Zum Ende nur so viel: Zwei starke Männer waren nötig, um die Schnapsverkosterin samt Flascheninhalt auf die heimische Scholle zurückzuführen.

Entgleisungen dieser Art haben im Dorf allerdings keine nachhaltige Wirkung auf die Reputation. Dass einem vorübergehend die Navigationsfähigkeit abhandenkommt und man auf nachbarschaftliche Pannenhilfe angewiesen ist – kann schließlich jedem mal passieren.

Ein bisschen Spott ist die Höchststrafe, die man nach einem solchen Vollrausch zu erwarten hat.

Als Gustav Plate die verkaterte Nachbarin auf der Suche nach ihrer Thermoskanne am nächsten Morgen vorbeihuschen sah, rief er ihr vom Traktor aus zu: »Das Wasser gibt dem Ochsen Kraft, dem Menschen Schnaps und Rebensaft, drum danke Gott als guter Christ, dass du kein Ochs geworden bist.«

Die Dame nahm's mit Humor, rieb sich den Brummschädel und entgegnete frech: »Schwankt der Gustav auf dem Trecker, war der Schnaps mal wieder lecker.«

Und mir schoss der kluge Satz von Joachim Ringelnatz durch den Kopf: Die besten Vergrößerungsgläser für die Freuden dieser Welt sind jene, aus denen man trinkt.

Sommerstress

Unsere Nachbarin Helena ist so was wie ein botanisches Nachschlagewerk auf zwei Beinen. Eine Grünzeugexpertin mit Kräuterhexenwissen. Ich war immer einigermaßen stolz auf meine Salatvariationen, aber ihre Wildkräuterkompositionen sind Meisterwerke. Optisch und geschmacklich unschlagbar. Zu Rauke und Blattsalaten mischt sie zarte Giersch- und Brennnesselblättchen, Wiesenknöterich, Vogelmiere, Gundermann, Franzosenkraut oder Sauerampfer. All das, wovon ich noch nie gehört oder was ich immer für Unkraut gehalten hatte, kommt direkt von der Wiese in die Schüssel, wo es mit Walnüssen, Sonnenblumenkernen und den Blüten von Gänseblümchen, Borretsch, Löwenzahn oder Malve zu einer wahrhaften Gourmandise veredelt wird. In keinem Sterne-Lokal habe ich jemals einen köstlicheren Salat gegessen.

Dazu ist Helena auch noch eine kampfmittelerfahrene Soldatin, wenn es um die Verteidigung und das Überleben ihres angepflanzten Grünzeugs geht. Von ihr lernen heißt siegen lernen. Gegen Fressfeinde spannt sie feine Gaze-Netze über Kräuter, Salat und Gemüse, Wühlmäuse schlägt sie mit einem ganz bestimmten biologisch-dynamisch abbaubaren WC-Stein in die Flucht, und die Angriffslust der Stare hält sie mit ein paar im

Kirschbaum aufgehängten CD-Rohlingen in Schach. Üppige Ernten sind Beweise für ihre taktische Überlegenheit.

Doch auch überaus behutsame Pflanzen- und Naturliebhaberinnen können finstere Geheimnisse haben.

Eines Nachts werde ich abrupt aus dem Schlaf gerissen. Luna bellt, erst leise, dann immer lauter. Aus Erfahrung weiß ich, dass sie nicht damit aufhören wird, bis wir die Ursache dafür geklärt haben. Um den Mann an meiner Seite nicht auch noch aufzuwecken, schleiche ich auf Zehenspitzen in die Stube und spähe durchs Fenster nach draußen. Dann öffne ich leise die Tür, trete auf die Terrasse und äuge in die Dunkelheit. Nichts. Bis auf den Sprühregen, der mich unangenehm frösteln lässt. Die Hofwächterin ist mir gefolgt und lässt noch einmal ein beunruhigendes Knurren hören. Plötzlich sehe ich einen Lichtfleck durch die Dunkelheit huschen.

Der Schrei bleibt mir im Hals stecken. Einbrecher? Göhrde-Mörder? Dunkelmänner? Luna sprintet dem Lichtpunkt entgegen – und dann erkenne ich sie. Eine zierliche Person in Nachthemd, Bademantel und Baseballkappe, die mit einer Taschenlampe und einer Schere bewaffnet auf mich zukommt.

»Was machst du hier, mitten in der Nacht? Spielst du tapferes Schneiderlein oder was?« Ich bin völlig verwirrt und immer noch atemlos vor Schreck.

»Komm mit«, fordert Helena mich auf. Wie in Trance folge ich der Nachtwandlerin barfuß in den hinteren Teil des Gartens. Das Lampenlicht flackert über die Erde, dann entdecke ich, was sie angerichtet hat: Zwischen Zucchinipflanzen, Bohnen und Kapuzinerkresse krümmen sich tranchierte Nacktschneckenleichen. Ein wahres Massaker in einem ungeschützten Gemüsebeet. Ich bin fassungslos. In diesem sonst so sanftmütig wirkenden Wesen schlummert eine eiskalte Massenmörderin. Dass sie in der Lage ist, ohne mit der Wimper zu zucken solch einschneidende Maßnamen zu ergreifen, hätte ich ihr niemals zugetraut. Normalerweise gehört sie zu der Sorte Frau, die ausgekämmten Hundehaarflaum nicht in der Mülltonne entsorgt, sondern als Nistpolster für gefiederte Gartenbewohner ins Gesträuch hängt. »Ich hatte die Schnauze voll«, lautet ihr knapper Kommentar. Und damit war alles gesagt.

Wenn es nach Paul gegangen wäre, hätte sie ruhig ein paar Schleimer am Leben lassen können.

»Ich kann keine Zucchini mehr sehen«, grantelt er in den Wochen danach mit zunehmendem Missmut und verzieht sich schmollend auf seinen Liegestuhl unter dem großen Walnussbaum, um über der Stieg-Larsson-Lektüre den Überdruss zu verdauen und von köstlichen Dosenwürstchen und Fleischsalat mit Majonäse zu träumen.

Hochsommer ist Erntezeit. Und sie beginnt ganz harmlos. Zunächst suhle ich mich in einem Glücksgefühl über die ersten saftig süßen Tomaten, über Erbsen, Bohnen und Mangold, die unseren Speisezettel bereichern. Aber von Woche zu Woche scheinen Grünzeug und Früchte ihr Reifetempo rasant zu beschleunigen. Wir kommen mit dem Verzehr und der Verarbeitung der gesunden Köstlichkeiten kaum noch hinterher. Unser Hochbeet verwandelt sich im Wochentakt und sieht aus wie die Installation eines öko-bewegten Künstler-Wirrkopfs. Die Kräfte der Natur lassen Salat, Radieschen, Lauch und

Karotten explodieren. Die Pflänzchen wachsen mir im wahrsten Sinn des Wortes über den Kopf. Veritable Wälder von Dill, Basilikum und Borretsch machen sich über den Beetrand hinweg auf den Weg zur Wiese. Kirschen, Himbeeren, Johannisbeeren warten darauf, gepflückt, gewaschen, eingekocht, gepresst, gemust, blanchiert oder tiefgekühlt zu werden. Später kommen Mirabellen, Äpfel, Birnen und Pflaumen dazu. Das heißt: Fabrikation von Marmelade, Likör, Saft, Kuchen. Wochenendentspannung war gestern. Der Schwemme-Stress hat mich in seinen grünen Krallen.

Und zu den größten Herausforderungen eines Hobbygärtners zählt tatsächlich der Umgang mit den Zucchini. Bislang hatte ich nie einen Gedanken verschwendet an das Vermehrungsverhalten der knackig grünen Früchtchen mit ihren hübschen, essbaren Blüten. Sie gehörten sogar immer zu meinen Gemüsefavoriten. Mittlerweile finde ich die Kürbisverwandten ein wenig zu aufdringlich in ihrer Wuchsfreude. Eben noch liegen sie als niedliche, fingerdicke Minis auf der Erde, und im nächsten Moment sehen sie aus, als hätten Sportsmänner ihre Baseballschläger im Beet vergessen. Lauter fette grüne Keulen, die ich eigentlich am liebsten an Erdmanns Schweine verfüttern würde. Aber ich traue mich kaum noch vom Hof runter, denn ich kann sicher sein, dass aus irgendeinem Nachbargarten die Frage an mein Ohr dringt: »Wollt ihr nicht ein paar Zucchini? Braucht ihr Salat? Kohlrabi? Himbeeren? Quitten?« Und dann könnte es passieren, dass ich mit meinem Herkulesschlegel aushole und um mich schlage.

Also bleibe ich zu Hause und beschäftige mich gefühlte 24 Stunden des Tages damit, unsere Curcubita pepo zu gefüllten, geschmorten, gegrillten, panierten, überbackenen Mahlzeiten zu verarbeiten.

Ich bin gerade dabei, ein mittelgroßes Zucchinimonster mit Lammhack und Schafskäse zu füllen, da kommt der Obergärtner an meiner Seite durch die Küchentür und stellt einen Korb auf den Tisch. Randvoll mit gelben Knöllchen.

»Was ist das?«, frage ich entsetzt.

»Möhren«, sagt er, »sieht man doch.«

»Ich weiß, wie Möhren aussehen. Aber das hier hat mit Karotten, wie ich sie kenne, nichts zu tun.«

Der Mann macht ein beleidigtes Gesicht, als ich mit spitzen Fingern eines der Dinger hochhebe, das ungefähr so groß ist wie der Daumennagel eines Dreijährigen. Wie der schmutzige Daumennagel eines Dreijährigen, um genau zu sein.

»Du hättest die Pflanzen rechtzeitig verziehen müssen«, bemerke ich mit einem düsteren Blick auf das Bonsai-Gemüse. »Jetzt habe ich die Arbeit am Hals und darf Stunden damit verbringen, deine Liliput-Schöpfungen zu putzen.«

»Aber die schmecken viel besser als die normalen«, verteidigt er seine Zuchtmutation, um dann als geschickter Taktiker in die Offensive zu gehen: »Kümmere du dich doch das nächste Mal um das Beet. Wirst schon sehen, was dabei herauskommt.«

»Jedenfalls keine Mikro-Möhren – und auch keine Riesenradieschen, die aussehen wie exotische Designerrettiche und schärfer sind als jede Chilischote, an der ich mir jemals die Zunge verbrannt habe.«

»Beleidige nicht auch noch meine Radieschen«, koffert er zurück, »du hast selbst zugegeben, dass sie besonders hübsch aussehen.«

Das stimmt sogar. Sie kamen nämlich nicht in stinknormalem Rot auf den Tisch, sondern in der Modefarbe Lila. Ein echtes optisches Highlight. Und wo bitte steht geschrieben, dass man nur Gemüse züchten darf, das man auch essen kann?

Beim Löffeln der aromatischsten, mit einem Hauch Ingwer verfeinerten Karottensuppe aller Zeiten einigen wir uns schließlich darauf, dass er weiterhin seine Pflanzorgien betreiben und unser Hochbeet zum Überraschungsei ausbauen darf, während ich klaglos die Folgen trage. Selbst dann, wenn sie in Form von millimeterkleinen Rübchen daherkommen.

Denn für die Plackerei werde ich am Ende doch noch entschädigt. Mit einem Gefühl von tiefer innerer Zufriedenheit, sobald ich die Einmachgläser, Flaschen und Gefäße betrachte, in denen unsere Vorräte ruhen. Es muss das Steinzeit-Erbe sein. Auch wenn wir keine Mammuts mehr jagen müssen und jederzeit im Supermarkt für Nahrungsmittel-Nachschub sorgen können, ist dieses urmenschliche Glücksgefühl nicht mit Geld zu bezahlen. Der Neandertaler-Code funktioniert auch im 21. Jahrhundert: Sammeln und haltbar machen heißt überleben.

»Wir brauchen dringend noch einen Gefrierschrank«, sage ich, völlig berauscht von meiner neuen Sammelleidenschaft. »Die zwei lächerlichen Tiefkühlschubladen quellen längst über.«

Mittlerweile habe ich sogar meine Aversion gegen Fleischangebote aus allernächster Nachbarschaft überwunden. Ich trete nicht mehr die Flucht an, wenn ich zufällig auf dem Erdmann-Hof Zeuge werde, wie Erna mit blutigen Fingern kopflose Gänse abbrüht, während Evi ihnen die Federn aus dem Leib rupft. Meine Verwandlung in eine gierige Biofleisch-Horterin erschreckt mich ein wenig, aber ich nehme alles – vom Wildschweinrücken über Schweinehinterschinken, Rehkeulen, Pommerngänse, Masthähnchen bis zu Lammbraten und Angussteak. Und das, obwohl mich die Rinder von Sparkassen-Werner jedes Wochenende mit einem sanften Augenaufschlag begrüßt haben.

Polkefitz nimmt nachhaltigen Einfluss auf meine Essgewohnheiten. Nach einer beschämend kurzen Gewöhnungsphase verzehre ich jetzt nur noch Fleisch von Tieren, die ich kenne und die von Menschen getötet wurden, die meine Nachbarn sind.

»Du hast dich verändert«, sagt meine Freundin Claire, als wir am Küchentisch sitzen, Basilikumblätter abzupfen und Knoblauch schälen, um in die Pesto-Produktion einzusteigen.

»Wie meinst du das?«, frage ich leicht beunruhigt.

»Früher hättest du dein Pesto im Feinkostladen gekauft und dir niemals bei der Gartenarbeit die Hände ruiniert.«

Sie wirft einen, wie ich finde, unangemessen kritischen Blick auf meine Pranken und grinst mich an. »Ist doch ein gutes Zeichen. Zeigt doch nur, dass du mit Haut und Haaren aufgehst in deinem Garten Eden.«

Claire ist Zahnärztin in einer Hamburger Gemeinschaftspraxis. Wer anderen Leuten mit den Fingern im Mund herumfuhrwerkt, achtet natürlich ganz besonders auf penibel gepflegte Werkzeuge. Und ihre Hände sind, passend zum gesamten Erscheinungsbild, besonders ansehnlich. Schmal, mit langen Fingern, perfekt manikürten Nägeln und babyzarter Haut. Meine dagegen – echte Bauernpratzen. Die Handrücken: rau, rissig und zerkratzt. Unter den Nägeln: erdbraune Trauerränder.

»Hier«, sagt Claire, »pack das mal aus.« An dem Weidenkörbchen mit Erdbeeren, das sie als Gastgeschenk mitgebracht hat, baumelt eine längliche, hübsch verpackte Schachtel. Ich wickle sie aus dem Papier, und zum Vorschein kommt eine Creme-Tube. Ein englisches Spezialprodukt, eigens entwickelt für malträtierte Gärtnerinnenhände. Meine hellsichtige Freundin! Zum Dank drücke ich in jede ihrer gepflegten Samtpfoten ein Glas Basilikumpesto.

»Schluss für heute mit der Arbeit.« Der Hausherr kommt gut gelaunt in die Küche und mixt uns einen Campari-Cocktail. »Was ihr jetzt braucht, ist eine kleine Abkühlung. Ich serviere euch die Getränke auf dem Steg mit Blick auf die Seerosen.«

»Super«, jubelt Claire, als wir uns in Badeklamotten Richtung Schwimmteich bewegen, »darum beneide ich euch wirklich.« Mit einem zufriedenen Seufzer lässt sie ihren perfekt trainierten Körper ins Wasser gleiten und schwimmt ein paar Runden. »Einfach herrlich, ein Traum!« Dann schaut die Badenixe mich fragend an. »Kommst du nicht rein?«

Sofort setzt der Mann an meiner Seite ein hinterhältiges Grinsen auf – und wird zum Verräter. Noch bevor ich eine Erklärung stammeln kann, erzählt er der staunenden Schwimmerin, dass ich Weichei als Einzige noch nie den Sprung in die kühlenden Fluten gewagt habe.

»Selbst ihr heißgeliebter Köter pflügt durchs Schilf«, frotzelt der Mann, »aber das Frauchen hält nicht mal den großen Zeh ins Wasser.«

Claire klappt die Kinnlade runter. Sie mustert mich mit Blicken, die aussagekräftiger sind als jeder Wortschwall, den sie über mich hätte ergießen können. Es hat ihr, was selten vorkommt, die Sprache verschlagen. In ihrem Gesicht lese ich, dass sie mich für völlig gaga hält.

»Angst vorm Zahnarzt, das kenn ich ja«, blubbert sie schließlich. »Aber dass du dich fürchtest, in diesen wunderbaren Teich zu springen, da muss doch in deiner Kindheit irgendwas vorgefallen sein. Vielleicht sollten wir mal über eine therapeutische Desensibilisierung nachdenken.«

»Denkt, was ihr wollt«, sage ich matt, »ihr kriegt mich nicht in den Tümpel.«

Lieber ertrage ich tapfer jeden Spott, als meine Teichschwimmphobie aufzugeben. Dabei ist mein merkwürdiges Verhalten mit normaler Wasserscheu nicht zu erklären. Immerhin besitze ich ein Zertifikat, das mich als »Open Water Diver« ausweist. In tropischen Gewässern traue ich mich unter Haie, Barrakudas und Muränen. Aber allein bei der Vorstellung, im heimischen Gartenteich baden zu gehen, packt mich die absurde Furcht, beim Schwimmen auf engem Raum womöglich eine Kaulquappe zu verschlucken. Auch die Tatsache, dass all unsere Freunde bisher ohne Quappen im Mund aus dem Wasser gestiegen sind, brachte mich nicht zur Vernunft. Immer muss ich an die im Liebestaumel ertrunkenen Kröten denken, die wir im Frühsommer mit bleichen aufgedunsenen Bäuchen aus dem Biotop gefischt haben, an all die Wasserläufer, Molche, Teichfrösche, Schnecken, Gelbrandkäfer und Ringelnattern, die ich unter der sonnenbeschienenen glatten Oberfläche vermute. Was heißt vermute: Ich weiß ja, dass sie da sind.

Und deshalb halte ich mich gerne raus. Auch auf die Gefahr hin, dass ich dadurch zur Lachnummer werde.

»Nur weiter so«, ermuntere ich die beiden, »ihr dürft gerne auf mir rumhacken. Aber ihr verschwendet eure Energien. Ich werde keinen Millimeter meines Körpers in dieses sich selbst reinigende, biologisch einwandfreie trübe Gewässer tauchen. Mir genügt ein Sonnenbad.«

»Aber es ist doch so wunderbar erfrischend«, macht Claire einen letzten verzweifelten Versuch.

»Wirklich nett, dass du dir so viele Sorgen um mein seelisches und leibliches Wohlergehen machst«, ich nehme einen Schluck Campari und lehne mich genüsslich in meinem Liegestuhl zurück, »aber wenn ich eine Erfrischung brauche, dann stelle ich mich einfach unter die kalte Dusche.«

Luna, die normalerweise keine Badegelegenheit ungenutzt verstreichen lässt, hat sich neben mich gelegt. Ich werte das als Akt der Solidarität. Dankbar kraule ich meiner treuen Gefährtin die Flanke – und ertaste eine Unmenge kleiner Knötchen, die sich in ihrem Fell verheddert haben.

Klettenlabkraut. Eine Strafe der Natur, vor allem für die Halter langhaariger Hunderassen. Ich kann mir ein leises Stöhnen nicht verkneifen. Dass diese überall wuchernde Pflanze ausgerechnet zur Haupterntezeit ihre Samenkapseln an vorbeistreunende Fellträger klettet, hat mir gerade noch gefehlt. Als hätte man mit Obstbäumen und Gemüsebeeten nicht genug zu tun. Nun muss auch der Hund täglich abgeerntet werden. Stunden bringe ich damit zu, die widerborstigen Klettfrüchte aus dem üppigen Pelz zu fieseln, damit sich keine verfilzten Nester bilden, die nur noch durch eine Radikalschur zu beseitigen wären.

»Erinnerst du dich noch daran, was du früher in den Sommermonaten gemacht hast?«

Claire hat ein Badehandtuch auf dem Steg ausgebreitet, aalt sich zufrieden in der Abendsonne und beobachtet meine Antiklettenprozedur. Ihre Hündin Anna, eine in den Straßen von La Palma aufgelesene Mischung aus Saluki und Idefix, liegt im Schatten eines Pflaumenbaums und döst vor sich hin.

Die Luft riecht würzig nach verbrennender Holzkohle, was vermuten lässt, dass der Mann sich unseren Wünschen untergeordnet und den Grill angeworfen hat. Obwohl er, wie er stets betont, gut in einer Welt »ohne zwanghafte Speisenzubereitung unter freiem Himmel« leben könnte.

Ich wusele mit den Fingern durch Lunas Fell und krame in meinem Gedächtnis nach Erinnerungen an die Zeit, als ich noch nichts wusste von Polkefitz, Feuerwanzen, Labkraut und der magnetischen Anziehungskraft tierischer Hausgenossen.

Es kommt mir vor, als sei es in grauer Vorzeit gewesen, dass wir am Wochenende ausschliefen, nach einem späten Frühstück den Tag lesend und dösend auf unserer Dachterrasse vergammelten und gegen Abend an der Elbe saßen, um mit einem Apéritif in der Hand den Containerschiffen hinterherzuschauen. Hamburg im Sommer – das erschien mir immer als der schönste Ort der Welt.

»Sommer in der Stadt«, sage ich und schnipse eine

Klette in den Teich, »das war ein angenehmes Faulenzerleben. Aber ich weine ihm keine einzige Träne hinterher. Es ist schon merkwürdig, aber ich finde es, Schwemme-Stress hin oder her, entspannender, im Akkord Zucchini zu verarbeiten, als in einem angesagten Restaurant zu sitzen und mir Carpaccio mit Trüffeln servieren zu lassen. Ins Kino, Theater, Konzert, das haben wir sowieso eher im Herbst und Winter gemacht. Geht außerdem auch an Wochentagen.«

Claire nickt. »Ich glaube, der Hund ist schuld. Ich kenn das, wenn du erst mal an der Leine hängst, wirst du zum Junkie, der nach seinem Stoff jiepert. Du kannst gar nicht mehr ohne …«

Da hat meine im Umgang mit Schmerzpatienten geschulte Freundin sicher den richtigen Nerv getroffen.

Ich leide zunehmend an der Tatsache, dass ich Montag bis Freitag ohne Luna leben muss.

»Ich habe dich gewarnt.« Unbarmherzig führt der Mann an meiner Seite auf jeder Rückfahrt seine Worte wie einen Dolch durch mein Herz, »aber du wolltest ja nicht hören. Ein Wochenendhund, so was Idiotisches. Jetzt sitzt du da wie ein Trauerkloß. Glaub mir, mit einem Meerschweinchen wärst du besser bedient gewesen.«

»So ein Unsinn«, wehre ich mich dann, aber meine Stimme klingt tonlos. Mir ist zum Heulen zumute. Trotzdem bereue ich keine Sekunde, Luna in mein Leben gelassen zu haben. Den glücklichsten Moment erlebe ich am Freitagabend, wenn mir der Hund entgegensprintet, außer sich vor Freude um mich herumwirbelt und mir zwei Tage lang kaum mehr von der Seite weicht.

Früher liebte ich es, mir Gedanken darüber zu machen, ob wir unsere Ferien in Vietnam oder doch lieber in Laos und Kambodscha verbringen sollten. Heute stürzt mich jede Auslandsreise, jede längere Abwesenheit in ein Gefühlschaos.

Jetzt verstehe ich auch, warum meine Freundin Christine so ungern verreist. Oder besser gesagt: warum sie am liebsten nur solche Ziele auswählt, die auch hundetauglich sind. Hielt ich sie tatsächlich mal für eine etwas exaltierte Hunde-Mutti, nur weil sie möglichst schnell wieder zu Hause sein wollte, um für ihren heißgeliebten Vierbeiner zu kochen?

Ich leiste Abbitte. Mir geht es mittlerweile genauso.

Als die Sonne hinter den Eichen verschwunden ist, sitzen wir in Gesellschaft von Paul und Helena am Tisch auf unserer Küchenterrasse. Aus der Ferne hören wir das Brummen der Erntemaschinen und das Krattern der Bewässerungsanlagen. Soundtrack des Sommers auf dem Land. Von unseren Tellern steigt uns ein köstlicher Duft in die Nase: saftige Steaks von Sparkasser-Werners Angus-Rindern und gegrillte Zucchinischeiben aus eigener Ernte. Zu unseren Füßen: Leo, Luna und Anna. Ich betrachte die drei friedlich schnarchenden Fellhaufen und frage mich: Was um alles in der Welt soll ich in Kambodscha?

Dat löpt sich trech

Sonntagnachmittag. Die Gäste sind weg. Acht Menschen zu beherbergen bedeutet – neben der Freude über den Besuch – Berge von Bettwäsche, Handtüchern und Geschirr. Wie das eben so ist. Freundschaftsdienst mit angeschlossenem Pensionsbetrieb. Vollverpflegung inklusive. Allerdings ohne Spülmaschine, die ich an solchen Wochenenden immer besonders schmerzlich vermisse. Zum Glück verrichtet wenigstens die betagte Waschmaschine ohne zu mucken ihren Dienst. Die Bettlaken, Kissenbezüge und Handtücher flattern bereits frisch gewaschen an der Leine im Garten. Ich wundere mich allerdings etwas darüber, dass Leo so interessiert um die Wäschespinne strolcht. Plötzlich sehe ich, wie der Flegel sein Bein hebt, an ein ziemlich weit herabhängendes Laken pinkelt und dann zufrieden davonzuckelt. Ich sprinte nach draußen und schreie dem Blonden ein paar üble Beschimpfungen hinterher. Zu spät. Der Kerl hat auf allen erreichbaren Wäschestücken seine Duft- und Farbmarkierungen hinterlassen.

Ich klaube die beschmutzten Teile von der Leine, stopfe sie in die Trommel der Maschine, schütte noch einen ordentlichen Becher Wäsche-Sagrotan in das zuständige Fach und drücke auf Start. Gerade höre ich das vertraute Gurgeln des einfließenden Wassers, da gibt es einen lauten Knall. Feiner grauer Rauch, vermischt mit dem Geruch von verschmortem Gummi, vermittelt mir in Sekunden die Gewissheit, dass an diesem Tag sicher keine Wäsche mehr auf der Leine hängen wird.

»Was machen wir denn jetzt, verdammt noch mal!«

Der Mann an meiner Seite zieht, obwohl er nicht für den Gerätekollaps verantwortlich ist, schuldbewusst den Kopf ein.

»Bin ich auf die Welt gekommen, um per Hand Hundepisse aus Bettlaken zu schrubben?«

Um weiteren Tiraden zu entgehen, dreht er sich wortlos auf der Hacke um und türmt Richtung Nachbarhaus.

»Erwin«, sagt Paul sofort, »das Ding muss zu Erwin. Oder Erwin muss her und das Ding mal angucken.«

Erwin. Ich hatte das leicht angerostete Schild an der Einfahrt, gleich neben Ernas Häuschen, schon bei unserem Einzug in Polkefitz bemerkt. Es wies Vorbeifahrende darauf hin, dass hier einer wohnte, der bei technischen Problemen aller Art wusste, was zu tun ist. Wir kannten die Geschichten, die über ihn kursierten. Wussten auch, dass niemand je rausbekommen hat, ob Erwin nun gelernter Elektriker oder Klempner war. Wahrscheinlich wusste er es nicht mal selbst so genau. Geschätzt wurde er für seine Professionalität, ob als Schlosser, Installateur oder Fliesenleger. Gefürchtet für seinen vertrauensseligen Umgang mit geschlossenen Stromkreisen. »Mensch, Erwin, dreh die Sicherung raus«, schrien die Leute, während er in aller Gelassenheit, mit ruhiger Hand, weiter an den heißen Drähten fummelte und die Angsthasen zurechtwies: »Lass man, ist gut gegen Rheuma!«

Alle Dorfbewohner konnten sich darauf verlassen:

Erwin wird's schon richten. Irgendwie. In seiner Werkstatt war alles möglich. Aber dazu später mehr.

Erwins ganzer Stolz war sein Laden. »Laden« ist eigentlich zu viel gesagt, es war der Windfang seiner Werkstatt, mit einem winzigen Tresen und einem Regal dahinter, in dem Bügeleisen, Tauchsieder und Kaffeemaschinen in Verpackungen standen, die von der Sonne derart ausgebleicht waren, dass nur noch der Ladeninhaber selbst wusste, welche Fabrikate sich dahinter verbargen. »Laden« nannte er die anderthalb Quadratmeter deshalb, weil er dort auch Bestellungen annahm. Wenn einer im Dorf irgendein neues Gerät brauchte, gebot es der Anstand, nicht nach Lüchow oder Dannenberg zu fahren und im großen Elektromarkt einzukaufen. Man ging zu Erwin. Schon aus dem Grund, um sich und ihm Peinlichkeiten zu ersparen. Denn der Alleskönner würde mit Sicherheit irgendwann mal wegen eines technischen Problems ins Haus kommen, die neue Kaffeemaschine entdecken und mit gespielter Naivität fragen: »Oh, en negen Kaffmaschin. Wo hebt ju de denn köfft?«

Was dann?

Man würde augenblicklich in den Boden versinken vor Scham. Keiner wollte jemals in eine solche Situation geraten. Deshalb lautete das ungeschriebene Dorf-Gesetz: »Wir bestellen bei Erwin!«

Auch auf die Gefahr hin, dass es unzählige Wochen dauerte und man immer wieder nachbohren musste, wann denn das gewünschte Gerät endlich eintreffen würde. Hatte der vielbeschäftigte Mann vielleicht vergessen, die Bestellung abzuschicken? Nachfragen machten allerdings wenig Sinn, weil sie stets mit einem in aller Seelenruhe vorgetragenen »Dat löpt sich trech« beantwortet wurden.

Was so viel heißt wie: Keine Panik, das wird schon.

Aber zurück zur sterbenden Waschmaschine, die sich im unpassendsten Augenblick dazu entschlossen hatte, den Geist aufzugeben.

»Warum sollen wir dieses Museumsstück noch reparieren lassen?« Ich bin ziemlich genervt und halte wenig von Pauls Vorschlag.

»Wir sollten so schnell wie möglich in ein neues Gerät investieren, am besten gleich 'ne Miele.«

Der Handwerker an meiner Seite schüttelt den Kopf. »Nichts überstürzen. Wir sollten Erwin auf jeden Fall eine Chance geben. Schließlich haben alle hier Respekt vor seinen handwerklichen Fähigkeiten. Außerdem, wenn sich rumspricht, dass wir kein Vertrauen zu ihm haben, sind wir unten durch. Das kannst du nicht wollen.«

»Ich will eigentlich nur eins«, fauche ich, »eine funktionierende Maschine. Und außerdem ... Kannst du nicht mal nachsehen, wo der Defekt liegt?«

»Nee, das ist mir nun wirklich zu speziell. Wenn mir da ein Fehler unterläuft, fackeln wir womöglich noch das ganze Haus ab oder setzen die Bude unter Wasser.«

Es bleibt mir nichts anderes übrig, als mich in mein Schicksal zu fügen.

Also auf zu Erwin.

Wir gehen die paar Schritte zu seinem Haus. Er ist – natürlich – nicht da. »Inner Stunde wieder«, sagt seine Frau Käthe, eine Endsechzigerin mit frisch ondulierten Löckchen über einem tellerrunden, freundlichen Gesicht. »Ich sach Bescheid. Er kuckt dann!«

Und tatsächlich. Schon nach gut drei Stunden steht Erwin in der Tür. Ich hatte ihn schon einige Male gesehen, zuletzt auf dem Dorffest. Aber meistens saß er in seinem betagten moosgrünen Audi 100. Immer haben wir uns zugewinkt, wenn er mit zwei Dutzend Rohren, einem alten Gasherd oder mehreren Alu-Leitern, die auf dem Dachgepäckträger festgezurrt waren, an unserem Hoftor vorbeigefahren war.

Erwin kommt geradewegs aus Plates Kälberstall, wo er am heiligen Sonntag die defekte Wasserleitung geflickt hat. Er trägt Arbeitskluft. Gestreifte Maurerjacke, schwarze Zimmermannshose mit Doppelreißverschluss, auf dem fast kahlen Schädel sitzt die schwarze Klempnermütze, auf der Nase eine Kassenbrille mit Gläsern, dick wie Colaflaschenböden. Die ebenso kleidsame wie zweckmäßige Uniform des Nothelfers wirkt wie ein Ausrufezeichen: Tretet zur Seite, Leute, lasst mal den Erwin gucken! Wollen doch mal sehen. Wo liegt denn das Problem?

»Moin!«, sagt er zur Begrüßung, formt die Lippen zu einem Kreis, als wolle er gleich ein Liedchen pfeifen, und dann: »Na, will sie nicht mehr?«

Er erwartet keine Antwort, läuft schnurstracks in die Küche und beugt sich, »dann lot mi mol kieken«, über die sieche Maschine wie der Arzt über einen Herzinfarktpatienten. Nach der anfänglichen Verwunderung über seine Kenntnis der Örtlichkeiten fällt mir ein, dass er das Haus bestimmt viel länger kennt als ich und im Lauf der Jahre wahrscheinlich schon zu ein paar anderen kränkelnden Gerätschaften oder geborstenen Zu- und Abläufen gerufen wurde.

Als Erwin in aller Ruhe seine stumme Begutachtung

fortsetzt, werde ich langsam kribbelig. Ich bin einfach noch nicht gewöhnt an diese »Dat löpt sich trech«-Langmut. Die Anamnese im Schneckentempo stellt meine Nerven auf eine harte Probe. In einem leicht hysterischen Wortschwall kläre ich den Experten darüber auf, dass die Reparatur, wenn sie überhaupt möglich ist, zackzack gehen muss.

Doch die gewünschte Reaktion bleibt aus. Erwin zeigt sich völlig unbeeindruckt von meinen leidenschaftlich vorgetragenen Wünschen.

Anzumerken ist, dass technische Pannen, die in der Stadt eine echte Katastrophe darstellen würden, auf dem Land als Bagatellschaden verbucht werden. Hier ist man daran gewöhnt, immer jemanden in Reichweite zu haben, der irgendwas kann oder jemanden kennt, der jemanden kennt, der das kann, was man gerade braucht.

Mit meinen Augen brenne ich Löcher in Erwins gebeugten Rücken. Nach einer Ewigkeit richtet er sich auf, spitzt erneut die Lippen und sagt:

»Sü!«

Irritiert suche ich im Gesicht des Klempners nach der Bedeutung des mir unbekannten Wortes. Erst später lerne ich, dass »Sü« ein Kürzel ist für den Satz:

»Nu kuck mal einer an. Das ist ja interessant, wie kann das denn angehen?«

Mittlerweile ist der Ausdruck fester Bestandteil unseres Wortschatzes. Immer dann, wenn mir aufregende Neuigkeiten über die Lippen sprudeln, bringt mich der Mann mit einem knappen »Sü« auf die Palme, zum Schweigen – oder zum Lachen.

»Sü!« Ein Wort, ein Satz.

Perfekte Kommunikation auf Sparflamme. Typisch Nordlicht.

Erwin beugt sich erneut über die Maschine, inspiziert das Ding eine weitere Viertelstunde von allen Seiten, schiebt dann mit dem Zeigefinger den Schirm seiner Mütze einen Zentimeter nach oben, wackelt dreimal wissend mit dem Kopf und diagnostiziert: »AEG!«

Ich stehe kurz vor einer Explosion. Der »Sü«-Sager macht mich wahnsinnig.

»Ja, ja, ich weiß, es ist eine AEG«, zische ich, vielleicht eine Spur zu ungnädig im Tonfall, »eine kaputte AEG.« Dann atme ich einmal tief durch und frage, um etwas mehr Freundlichkeit bemüht: »Was meint denn der Fachmann, ist da noch was zu machen? Bestimmt ist es besser, gleich eine neue zu bestellen.«

Erwin taxiert mich durch die dicken Brillengläser. Seine wasserblauen Augen wirken riesig, und ich fühle mich unter diesem Blick wie ein exotisches Tier, das gefangen in seinem Käfig sitzt und langsam durchdreht. Er macht sein Spitzmündchen und sagt noch mal:

»Sü!«

Und zwei Sekunden später:

»Kabelbaum!«

In weiser Voraussicht hat der Mann an meiner Seite den Schauplatz des Dramas verlassen. Für mich ein Zeichen von totaler Kapitulation.

»Und was heißt das jetzt?«

Der Handwerker vollführt mit seinem Schraubenzieher einen kleinen Trommelwirbel auf dem Gerät.

»Wat dat het? Der Kabelbaum is durchschmort. Da mut 'n neger rin!«

»Ein Neger?«

»Nee, min Deern, dat het – ein neuer.«

Diagnose auf Plattdeutsch. Auch das noch. Und der Dolmetscher an meiner Seite ist auf und davon.

Erwin, Jahrgang 1932, in der Nähe von Kiel geboren, war vor dem Krieg mit der Familie ins Wendland gezogen und in Polkefitz hängengeblieben. Ein Zugereister, der sich im Laufe der Jahre einen höchst eigenwilligen Mix aus niedersächsischem und Holsteiner Platt angeeignet hat. Manchmal vermengt mit etwas Missingsch, dem Seefahrer-Slang, den er als Kind im Kieler Hafen aufgeschnappt hatte.

Ich schlucke.

»Ein neuer – wenn ich Sie richtig verstehe, dann wollen Sie versuchen, die Waschmaschine zu reparieren?«

Erwin stützt sich mit einer Hand auf die kranke Maschine.

»Ers mal nich ›Sie‹, ick bin Erwin.« Dann besinnt er sich auf meine mangelhaften Sprachkenntnisse und bemüht sich um ein paar hochdeutsche Brocken. »Ich hab auch einen Nachnamen, aber den wet ich sölbst nich mehr.« Nicht nur Klempner, auch noch Witzbold.

Ich zwinge mich zu einem Lächeln. Etwas verkrampft, aber immerhin.

»Erwin«, stammle ich und versuche es zur Abwechslung mit plumper Vertraulichkeit, »also sag schon, was machen wir denn jetzt?«

Der Spezialist setzt ein zuversichtliches Problem-gelöst-Gesicht auf.

»Sach mal deinem Mann, er soll die Kiste zu mir in die Werkstatt bringen. Morgen Vormittag wär am besten.«

Er tippt mit dem Zeigefinger an den Schirm seiner Mütze, schenkt der Maschine einen letzten prüfenden

Blick, lächelt mir aufmunternd zu und geht. Neben einer ausgelaugten Wochenend-Dörflerin hinterlässt er das Profil seiner Arbeitsschuhe mit Stahlkappe, aus denen Reste von Stroh und Kuhdung auf den Küchenboden gerieselt sind.

Nachdem Erwin gegangen ist, diskutiere ich mit dem Mann noch einmal über Sinn und Unsinn der Aktion.

Vor allem fehlt mir das Verständnis für diese Art von Geschäftsgebaren.

»Der könnte doch viel mehr verdienen und hätte weniger Arbeit, wenn er für uns eine neue Maschine bestellen würde!«

Als Antwort schenkt mir der Mann ein wissendes Grinsen. Er selbst ist in einem Dorf in Schleswig-Holstein aufgewachsen und kennt sich aus in der Persönlichkeitsstruktur handwerklich versierter Helden des dörflichen Alltags. Sein Großvater, verrät er dann, sei ebenfalls Klempner gewesen und weise erstaunliche Ähnlichkeit mit Erwin auf.

»Das ist gegen die Ehre eines Handwerkers. Du bestellst nichts Neues, wenn du denkst, da ist noch was zu reparieren.«

»Und wie kriegen wir das Ding rüber, in die Werkstatt?«

Der Mann kratzt sich am Kopf und sagt:

»Dat löpt sich trech!«

Nach einer Kunstpause, die ich dazu nutze, ihm den Stinkefinger zu zeigen, schaltet er auf Beschwichtigungsprogramm.

»Beruhige dich. Ich war vorhin schon drüben bei Plate. Der leiht uns seine Sackkarre.«

»Zu Erwin? Dann nimm mal die rote mit dem Dreier. Da musst du nämlich drei Stufen hoch!« Unser Nachbar zeigt auf ein Gerät mit extrahohen Griffen und dreifach übersetzten Rädern, mit dem man Lasten problemlos über Treppenstufen wuchten kann.

Heute gehört ein solches Transportmittel als unverzichtbarer Helfer zu unserem Besitz. Ein Leben ohne Sackkarre? Undenkbar!

Gemeinsam machen wir uns auf den Weg zum dörflichen Wunderheiler. Erwins Werkstatt befindet sich in einem Anbau seines Hauses. Ein Bauwerk, das sofort unsere Phantasie beflügelt und uns Anlass zu einigen Spekulationen gibt. Wir stellen uns vor, wie Erwin und Käthe im Winter, wenn nicht so viel zu tun war, in ihrem überheizten Wohnzimmer mit dem ewig laufenden Fernseher saßen und zu der Erkenntnis kamen, dass das Haus irgendwie zu klein war.

Und dann hatte Erwin vermutlich irgendwann einmal gesagt:

»Dann können wir ja anbauen!«

Und Käthe hatte wohl ergeben genickt.

Die Idee ist der Behausung leider nicht so gut bekommen. Das ehemals schöne alte Fachwerkhaus wurde mit viel Liebe, Aufwand und Geld in ein Gelbklinker-Glasbaustein-Ungetüm verwandelt. Ein ansehnliches Mutterhaus, dem nach und nach hässliche Tochtergeschwüre gewachsen sind. Erst die Werkstatt, dann ein Lager für die Werkstatt, dann ein Zweitlager für das Lager von der Werkstatt, dann eine Garage und zum Schluss ein Badezimmer, für das es im zu kleinen Haupthaus keinen Platz mehr gab.

Der Nachteil, dass man nun auch bei Regen, Orkanböen und Schneegestöber quer über den Hof muss und bereits geduscht ist, bevor man den dafür vorgesehenen Raum erreicht hat, ist für Erwin kein Argument. Für ihn bedeutet die Benutzung der abgekoppelten, nur mit Holz zu beheizenden, in zartem Beige gekachelten Nasszelle eine Extravaganz. Ein Hauch von Luxus, den man sich ohnehin nur an Samstagen gönnt.

So soll er einem Nachbarn, der gerade sein Dach von innen mit Steinwolle isolierte, den Rat erteilt haben, so was immer nur am Sonnabend zu machen, weil man da ja bade und frische Wäsche anziehe.

»In der Woche«, so die schlüssige Argumentation, »bist du ja sonst nur am Kratzen.«

Mit vereinten Kräften hieven wir unsere Waschmaschine in Erwins Allerheiligstes.

Der legt die Flex, mit der er gerade ein Rohr auf Maß schneiden wollte, beiseite, lässt ein »Moin, Moin« hören und sagt: »Dann stellt se mal dahinten ab, neben dem Elektroherd.« Mit einer einladenden Handbewegung deutet er auf eine wackelige Holzpritsche. »Setzt euch.«

Erwin mustert uns freundlich. Erst mich, dann den Mann.

»Möchst'n Bier?«

Bier? Um elf Uhr morgens? Ich lehne dankend ab. Der Mann an meiner Seite, der einem Frühschoppen selten abgeneigt ist, nickt, und der Meister trottet langsam rüber in den »Laden«. Neben dem Regal mit den verblichenen Packungen steht ein alter Kühlschrank, in dem ausschließlich Getränke auf genießbare Temperatur gekühlt werden.

Er kommt mit zwei Flaschen Bier zurück, greift in die Seitentasche seiner Zimmermannshose, zieht einen

Schraubenzieher raus und befördert die Kronkorken mit geübtem Schwung auf Nimmerwiedersehen in eine Ecke der Werkstatt.

Dann hebt er die Bierflasche zu einem angedeuteten »Prost«, führt sie bedächtig zum Mund und nimmt einen ordentlichen Schluck.

Ich spüre wieder, wie langsam, aber sicher die Unruhe in mir hochkocht.

»Was wird das denn ungefähr kosten?«, versuche ich die Angelegenheit zu beschleunigen.

Erwin scheint die Frage zu überhören, schaut den Mann an, der sich gerade Schaum vom Mund wischt.

»Klein' dabei?«

Ohne ein »Nein« oder »Ja« abzuwarten, schlurft er zurück in den Laden, öffnet erneut den Kühlschrank, nimmt zwei vereiste Schnapsgläser heraus und schenkt »Alter Frunsberg Doppelkorn« ein.

»Man kann das Bier ja nicht trocken trinken!«

Die beiden Männer verfahren nach dem Prinzip: Erst nippen, dann kippen.

Und ich versuche, mich auf eine kleine Alles-wird-gut-Atemübung zu konzentrieren.

Man darf nun nicht denken, dass Erwin ein Trinker gewesen wäre, der schon morgens seinen Stoff braucht. Nur einmal, auf Meiers goldener Hochzeit, hatte er etwas Schwierigkeiten mit seiner Muttersprache gehabt. Sonst habe ich ihn nie angetrunken erlebt. Aber Werkstatt-Bier und Schnäpschen, so lerne ich, sind ein Ritual. Wie das Anstoßen nach einem guten Geschäftsabschluss.

Nachdem einige Wochen ins Land gegangen sind, in denen wir absolut nichts über die Rekonvaleszenz unserer

Waschmaschine erfahren, bitte ich den Mann, einen Krankenbesuch in Erwins Werkstatt zu absolvieren. Als er eine Stunde später, natürlich ohne heiles Gerät, dafür mit einem teuflischen Schnapsfähnchen und der Botschaft »Dat löpt sich trech«, zurückkommt, gebe ich endgültig die Hoffnung auf, meine alte AEG jemals wiederzusehen.

Und dann, eines Freitagabends, nach längerem Stau auf der Autobahn, öffne ich die Küchentür – und da steht sie! Auf ihrem alten Platz, als wäre sie nie weg gewesen. Mit einem Freudenschrei stürze ich in die Kammer, in der ich die Schmutzwäsche gehortet habe, fülle die Trommel, drücke auf den Knopf, und das vertraute Rauschen des Wassers klingt wie Musik in meinen Ohren. Hätte ich jemals gedacht, dass der Anblick einer funktionierenden Waschmaschine solche Glücksgefühle in mir auslösen würde?

Gleich am nächsten Morgen mache ich mich, mit ausreichend Bargeld in der Brieftasche, auf den Weg zur Werkstatt, um die Rechnung zu begleichen.

Als ich den Raum betrete, sehe ich Erwin am Schraubstock stehen und mit einem Werkzeug hantieren, dessen Funktion und Namen, mir gänzlich unbekannt sind.

»Moin, Erwin«, rufe ich bester Laune, »das hast du ja super hingekriegt. Sie läuft wieder wie früher. Was bin ich dir schuldig?«

Erwin schaut ins Leere und macht wieder sein Pfeifmündchen.

»Kabelbaum hatte ich noch, Kleinteile auch«, murmelt er und nuschelt dann noch etwas Unverständliches. Überschlägt er seine wochenlange Arbeitszeit? Ich meine jedenfalls, das Wort »Stunde« verstanden zu haben.

»Gib mir man zwanzig Euro. Dann sind wir quitt.«
Ich bin baff.

In der Stadt hätte eine solche Reparatur bestimmt das Zehnfache gekostet, wenn man überhaupt jemanden gefunden hätte, der so etwas repariert. Ich nötige ihm einen Fünfziger auf, den er erst akzeptiert, als ich damit drohe, ihn sonst nie mehr wieder zu einem Notfall zu rufen.

Widerwillig nimmt er den Schein und legt ihn in die angerostete Keksdose, die ihm als Kasse dient. Er sagt nichts, aber an seinem Gesicht kann ich ablesen: Für ihn war die Reparatur eine Frage der Ehre und ein Beweis für die Leistungsfähigkeit seiner Werkstatt.

Ich empfinde Dankbarkeit und Respekt vor diesem genialen alten Tüftler. Und bitte ihn insgeheim um Verzeihung für meine Ungeduld und meine Zweifel an seinen Fertigkeiten. Zum ersten Mal lasse ich mir Zeit, mit meinen Augen durch sein Reich zu wandern, das offenbar nach der Chaos-Theorie aufgebaut ist. Wenn jemals der Begriff »Kraut und Rüben« gepasst hat, dann für Erwins Arbeitsraum. Vom Fußboden bis zur Decke türmen sich Rohre, Schläuche, Kisten und Kästen, Werkzeuge, alte Fahrradrahmen, Gasbehälter und Tausende von undefinierbaren Einzelteilen.

Dazwischen nur ein schmaler Gang, der gerade so viel Platz lässt, dass sich der Meister zur Werkbank mit dem Schraubstock durchzwängen kann.

»Sag mal, Erwin«, ich kann mir die Frage einfach nicht verkneifen, »wie findest du hier eigentlich das, was du brauchst? Hast du da ein bestimmtes System?«

»Min Deern«, sagt er und greift zu einer Schachtel, »dat hier sind Linsenkopf-Bohrschrauben und noch ’n paar Distanzhülsen. Dor bruuk ick kejn System. Ick hab die Teile ja mal da hingelegt, deshalb weiß ick auch als Einziger, wo die liegen. So einfach is dat.«

Dann wiegt er nachdenklich den Kopf hin und her.

»Nur, wenn ich mal nicht mehr bin – dann findet hier kejn Mensch mehr wat.«

Wir denken oft an Erwin. Er war einer der letzten echten Handwerker. So einen findet man heute, im Zeitalter der Modulauswechsler, kaum noch.

Leider muss ich sagen: »war«. Denn kurz vor seinem 78. Geburtstag hat sich der begnadete Fachmann davongemacht. Ohne krank zu sein, ohne irgendwelche Vorzeichen. Er ist einfach nicht mehr aufgewacht. Rübergeschlafen, wie die Nachbarn das nennen. Dabei hatte er sich fest vorgenommen, seinen Vater zu übertrumpfen. Den hatte man mit 94 zu Grabe getragen.

Die Polkefitzer trauern. Und wir mit ihnen. Nun ist Erwins Werkstatt abgeschlossen. Nach seinem Tod hat sich niemand mehr reingetraut. Keiner im Dorf wollte Käthes Aufforderung folgen, nach irgendwelchen brauchbaren Ersatzteilen zu stöbern. Dat worn und blejven Erwins Sachen. Käthe ist ein paar Dörfer weiter gezogen, zum ältesten Sohn. Das Wohnhaus mit den Anbauten steht zum Verkauf. Ob sich jemals ein Interessent für Erwins Erbe finden wird?

Der Mann und ich flüchten uns in die Vorstellung, dass der alte Meister von seiner Wolke auf uns runterschaut, seinen Spitzmund macht und dann sagt: »Dat löpt sich trech.«

Ländliches Dekameron

Das Dorf ist kein Ort für Geheimniskrämer. Wer in einer überschaubaren ländlichen Gemeinschaft lebt, muss sich daran gewöhnen, unter ständiger Beobachtung zu stehen. Man könnte es auch so sagen: Der liebe Gott sieht alles, Nachbarn sehen mehr. Hören mehr. Wissen mehr. Und Rundlingsdörfer sind geradezu ideal, um die Neugier zu befeuern.

Wie Tortenstücke liegen die Hofstellen um den Dorfplatz. An der Tortenspitze: die Deel. Der große Raum, in dem einst das Vieh stand, in dem gedroschen und gefeiert wurde, dient den meisten heute als Wohnzimmer mit Aussicht. Durch das zum großen Fenster umgebaute ehemalige Scheunentor, die groot Dör, haben die Bewohner einen wunderbaren Blick ins Leben der anderen. Man sieht und hört viel voneinander. Zwangsläufig. Egal ob Zank oder Freude, Glück oder Leid – jede aufgeschnappte Kleinigkeit macht in Windeseile die Runde. Keiner kommt oder geht ungesehen.

Soll nicht die hübsche Tochter von Karwinkels demnächst heiraten? Einen Geschäftsmann, der zwanzig Jahre älter ist? Sieht aber noch ganz knackig aus für seine 52. Und der Sohn von Schulze wird schon wieder Vater. Das dritte Kind mit der dritten Frau. Und immer noch nicht verheiratet. So ein Hallodri! Plates bessere

Hälfte will unbedingt nach Sansibar in Urlaub. Jetzt hängt der Haussegen schief. Weil nämlich, der Gustav will auf keinen Fall dorthin, wo der Pfeffer wächst. Habt ihr schon gehört, der Sparkassen-Werner soll eine Eiche gefällt haben. Widerrechtlich. Jetzt hat er die Behörde am Hals. Anonyme Anzeige. Wer macht denn so was? Also, wenn ihr mich fragt, das kann nur der Oberhauser gewesen sein. Kommt ja auch nicht aus'm Dorf, der alte Stinkstiefel. Obwohl … es gehört sich auch nicht, einfach einen Baum umzulegen.

Die wachen Augen und gespitzten Ohren stehen aber nicht nur für die Freude an Klatsch und Kolportage, sie sind auch Ausdruck für ehrliches Interesse. Und Anteilnahme. Bei Feuersbrünsten, Überschwemmungen, Schneeverwehungen, Verletzungen, Krankheiten, Todesfällen ist Nachbarschaftshilfe, über alle kleinen Querelen hinweg, selbstverständlich. In Polkefitz, so viel ist sicher, würde kein Kind verhungern und kein alter Mensch unbemerkt in seiner Behausung verwesen.

Wer allerdings, inmitten von so viel fürsorglicher Belagerung, etwas verbergen will, sollte mit äußerster Vorsicht zu Werke gehen – und möglichst keine Spuren hinterlassen.

Nun liefert eine Geschichte aus dem Nachbardorf den Beweis dafür, dass vor allem Zugereiste die Kombinationsgabe der ländlichen Indiziensammler häufig unterschätzen und nicht an die Konsequenzen denken, die sich aus Mangel an Achtsamkeit ergeben können. Je nach Dramatik schaffen die süffigsten Neuigkeiten den Sprung über Dorfgrenzen hinweg und versorgen auch die umliegenden Gemeinden mit Gesprächsstoff.

Plates Gattin ist, wie immer, bestens im Bilde und bei

einem Tässchen Kaffee gerne bereit, uns an den unerhörten Geschehnissen teilhaben zu lassen.

Es begann alles damit, dass der Jungbauer, dessen Namen ich an dieser Stelle besser verschweige, die alte Kate, die noch als Tagelöhnerhaus auf seinem weitläufigen Gelände stand, zu Geld machen wollte. Er teilte ein Grundstück von rund tausend Quadratmetern von seinem Besitz ab und bot das hübsche, wenn auch renovierungsbedürftige, alte Gemäuer über einen Makler an.

Da die Ernte wegen des zu kalten Frühjahrs und des heißen, trockenen Sommers eher dürftig ausgefallen war, hoffte der gewitzte Landmann durch den Verkauf der Immobilie auf ein ordentliches Zubrot. Geld, das er für sein häusliches Glück dringend benötigte. Denn er hatte im Jahr zuvor geheiratet. »Eine aus der Stadt«, wie sein Vater, der sich aufs Altenteil zurückgezogen hatte, sie abschätzig nannte, eine, »die nur kostet und nichts bringt«. Der Jungbauer machte sich nichts aus dem Geschwätz. Er war stolz auf sein ansehnliches Prachtweib, das er bei einer Ü-30-Party in Uelzen kennengelernt hatte, und stellte die Ohren auf Durchzug. Sollte doch der Alte meckern. Seine Frau wünschte sich ein schönes neues Badezimmer, mit Eckbadewanne und Dschungelbrause. Und das würde sie auch bekommen. Selbst wenn es ein kleines Vermögen kosten würde. Wollte er als Dorftrampel dastehen, der die Ansprüche seiner Liebsten nicht zufriedenstellen konnte? Eben!

Und er hatte Glück. Zunächst jedenfalls. Es meldete sich ein Mann in seinem Alter, der sich als freier Drehbuchautor aus Berlin vorstellte und ein ruhiges Plätzchen auf dem Lande suchte, um in aller Ruhe seine »Geschichten entwickeln zu können«. Man wurde schnell handelseinig. Der Hauptstädter ließ die Kate aufwendig renovieren und zog nach drei Monaten mit seiner Frau, einer temperamentvollen Münchnerin, in das inzwischen geschmackvoll ausgestattete Fachwerk-Schmuckstück.

Der Jungbauer war rundum zufrieden und beglückwünschte sich insgeheim zu dem Supergeschäft. Denn der Autor hatte, ohne zu feilschen, den gewünschten Kaufpreis akzeptiert. Das Geld war bereits auf dem Konto eingegangen, die Ehefrau hatte teure Fliesen bestellt und die ersehnte Designer-Eckbadewanne. Ein perfekter Deal. Und mehr noch: Die beiden Paare freundeten sich an und verbrachten bei Bier und Wildbret so manchen vergnüglichen Abend miteinander. Der Bauer bewunderte den Autor, weil der mit seinen seltsamen zusammenphantasierten Geschichten so viel Geld verdiente, und der Autor den Bauern wegen seiner Bodenständigkeit.

Die Frau des Landwirts war entzückt, dass man nun Nachbarn hatte, mit denen man auch über Themen reden konnte, die jenseits des Rübenackers lagen.

Über das, was dann geschah, können eigentlich nur die unmittelbar Beteiligten detailliert Auskunft geben. Tatsache ist jedoch, dass der Autor und die Jungbäuerin sich wohl zu irgendeinem Zeitpunkt etwas tiefer in die Augen sahen, als es bei noch so guter Nachbarschaft üblich ist.

Vielleicht lag es einfach daran, dass die Frau des Bauern nicht nur eine Schwäche für Eckbadewannen hatte, sondern auch für Männer, die so kluge Sachen sagen und schreiben konnten, während die Münchnerin ihren Gatten gern mal vor aller Ohren durch den Kakao zog.

Jedenfalls hatte es wohl heftig gefunkt zwischen der angeheirateten Bauersfrau und dem Wortkünstler aus der Hauptstadt. Wie bei derlei Sündenfällen üblich, drängte es die Frischverliebten, einen Ort ausfindig zu machen, wo sie unerkannt ihre Leidenschaft ausleben konnten.

Im Dorf hatte man jedoch bereits Verdacht geschöpft. Nicht ohne Grund gelten Blicke als die größten Verräter. Auf dem Ball der Freiwilligen Feuerwehr meinte die Schlachtersfrau einen intensiven Augenkontakt bemerkt zu haben, und so verbreitete sie ihre Vermutungen, ganz beiläufig und gratis, unter der aufmerksam lauschenden Kundschaft. Die Affäre wurde zum Dorfgespräch, noch bevor sie richtig begonnen hatte. Nur die Betroffenen selbst ahnten – natürlich – nichts.

Nun hatte der Autor nicht nur einen ungewöhnlichen Beruf, sondern auch ein außergewöhnliches Auto. Es handelte sich um ein altes Mercedes-Coupé, das er stets auf Hochglanz hielt. Für das Geld, das er bereits in das über dreißig Jahre alte Gefährt gesteckt hatte, hätte er sich locker zwei neue Mittelklassewagen leisten können. Nicht so schön vielleicht. Aber auch nicht so auffällig.

Das hätte er bedenken sollen, als er seine Karosse vor dem Hotel »Waldfrieden« parkte, einer romantischen Herberge, nur etwa 25 Kilometer von seinem Wohnort entfernt. Nun ist es ja noch nicht unbedingt verdächtig, sein Fahrzeug vor einem Hotel abzustellen. Nur hätte der Autor seiner Frau nicht sagen dürfen, dass er zu einem Fernsehproduzenten nach Berlin müsse und dort über Nacht bleibe.

Doch selbst das wäre vielleicht noch gutgegangen, wäre da nicht die Schwiegermutter des Jungbauern gewesen. Die Arme war just zum selben Zeitpunkt erkrankt und hatte nach der Tochter verlangt, die selbstverständlich sofort die Reise in die Stadt antrat, um die Nachtwache am Krankenbett zu übernehmen.

Zufall auch, dass zwei Nachbarinnen die gleichzeitige Abwesenheit der beiden mit den Gerüchten der Schlachtersfrau in Zusammenhang brachten und eins und eins zusammenzählten. Das Ergebnis: verbotene Liebe. Und natürlich gebot es der Anstand, dieses Gemisch aus Vermutung und interessierter Anteilnahme ans Ohr des Altbauern dringen zu lassen.

Der zögerte keine Sekunde und setzte seinen Sohn in Kenntnis, der wiederum die bayerische Gattin mit den Informationen über die merkwürdige Koinzidenz versorgte.

Die verflixte Kettenreaktion endete erwartungsgemäß.

Mit zwei Scheidungen – und einem nicht ganz fertig ausgebauten Badezimmer. »Hab ich dir doch gleich gesagt, die taugt nichts«, so die lapidare Quintessenz des Altbauern. Und der Autor musste, wegen der finanziellen Forderungen seiner plötzlich völlig humorlos gewordenen Gattin und einer durch den Trennungsschock verursachten Schreibblockade, die Kate mit Verlust verkaufen. An ein junges Paar mit zwei kleinen Kindern aus der Stadt, die das Haus als Wochenenddomizil nutzen wollten.

Was lernen wir daraus? Schlachtersfrauen besitzen detektivisches Gespür. Und die dörfliche Kundschaft besorgt den Rest. Früher oder später erwischen sie dich.

Selbst dann, wenn man gar nichts verbrochen hat.

Ich schlendere mit Luna die Dorfstraße entlang und sehe, wie Frau Karwinkel in ihrem Garten tote Zweige aus den Himbeersträuchern schneidet. Sie winkt mir zu, legt die Gartenschere zur Seite und kommt zum Zaun. Nach einem kurzen Plausch über die wetterbedingt schlechte Heu- und Getreideernte, sagt sie völlig unvermittelt: »Hab gehört, ihr wollt wegziehen.«

Mit einer Mischung aus Bedauern und Neugier im Blick fahndet sie in meiner Miene nach Hinweisen auf den Wahrheitsgehalt ihrer Information.

Ich bin so perplex, dass ich nur stammeln kann: »Wie kommen Sie denn da drauf?«

»Hat Erna erzählt.«

»Und woher hat die Erna das?«

»Weiß nicht so genau. Ich glaube, eine Kusine ihrer Schwägerin hat so was erzählt.«

»Aha«, murmle ich irritiert, »dann weiß die Kusine der Schwägerin aber mehr als wir. So ein Unsinn.«

»Hab ich mir gleich gedacht, dass da nichts dran ist«, Frau Karwinkel lächelt wissend, »hab meiner Tochter schon gesagt, dass die Bertha, also die Kusine von Ernas Schwägerin, schon öfter Sachen in die Welt gesetzt hat, die hinterher nicht so ganz … Na, Sie wissen schon.«

Bertha also. Irgendeine Bertha weiß nicht nur, wer wir sind und wo wir wohnen, sondern auch, dass wir umziehen wollen.

»Wir kennen doch überhaupt niemanden, der so heißt«, sage ich zum Mann, »wie kommt die Frau nur auf solche Ideen?«

»Du musst sie auch nicht kennen. Sie kennt dich. Das genügt«, weiß der Dorfklatsch-Experte.

Doch der Sachverhalt lässt uns keine Ruhe. Wir steigen in die Recherche ein und rekonstruieren schließlich, wie es zu dem Nachrichtenübermittlungsfehler der ländlichen Buschtrommeln kommen konnte.

Auf einer unserer Fahrrad-Erkundungstouren hatten wir an einem Sonntagnachmittag in einem benachbarten Dorf ein Schild entdeckt. »Zu verkaufen« stand auf der Holztafel, die an der Gartenmauer eines ansehnlichen Resthofes festgenagelt war. Darunter eine Telefonnummer. Wir stiegen von unseren Drahteseln, um das Anwesen etwas genauer unter die Lupe zu nehmen.

»Sehr hübsch«, fand der Mann an meiner Seite, »würde mich wirklich interessieren, was die dafür haben wollen.«

»Wir können ja mal anrufen«, schlug ich vor und zückte mein Handy, um die angegebene Telefonnummer einzutippen und abzuspeichern.

Wir hatten zwar nicht ernsthaft vor, ein Haus zu kaufen, aber es machte uns Spaß, mit dem Gedanken zu spielen, was wäre wenn …

Entgangen war uns allerdings, dass der Immobilie gegenüber das Gasthaus Faltermeier lag, dem laufend Gäste zustrebten. Im Nebenraum war nämlich für das Geburtstagsmahl von Berthas Mann Hugo eingedeckt. Zu den Geladenen zählte selbstverständlich auch unsere Erna aus Polkefitz.

Die hatte uns zwar nicht gesehen, doch der aufmerksamen Bertha war nicht entgangen, dass zwei Leute, die aussahen wie Ernas Wochenend-Dorfmitbewohner, sich offenbar für ein Haus interessierten, das zum Verkauf stand. Bertha musste zudem über ein hervorragendes fotografisches Gedächtnis verfügen, denn sie hatte uns nur ein einziges Mal von fern gesehen. Bei Erdmanns, während der Kulturellen Landpartie. Unverzüglich wurde also Erna alarmiert, die schaute aus dem Fenster, bestätigte unsere Identität, zog nun ihrerseits Schlussfolgerungen und verbreitete diese unter den Polkefitzern. Bei der Stillen Post, von Nachbar zu Nachbar, wurde aus der Vermutung schnell Gewissheit. Und irgendwann lautete die Nachricht: Die haben ein Haus gekauft und ziehen weg.

Und dann war da noch die Sache mit Emil und Veronika. Ein Paar Mitte fünfzig, das für alle sichtbar eine harmonische Ehe führte. Zwei in die Jahre gekommene Turteltauben, die sich nicht schämten, Hand in Hand durchs Dorf zu gehen oder sich vor aller Augen zu herzen und zu küssen wie Frischverliebte. Dabei stand ihre Silberhochzeit kurz bevor. Und die sollte – besonders nach dem Willen der Ehefrau – in großem Stil gefeiert werden. Ein rauschendes Fest war geplant, nicht so wie die Hochzeit vor 25 Jahren, die aus wirtschaftlichen Gründen ziemlich karg ausgefallen war.

Emil arbeitet als Landmaschinenmechaniker, Veronika ist Hausfrau. Nun hatte es sich so eingebürgert, dass die Frau einmal in der Woche nach Lüneburg fuhr, um ihre über achtzigjährige Mutter zu besuchen. Dort blieb sie über Nacht. Immer von Donnerstag auf Freitag. Doch sie fuhr nie weg, ohne für ihren Mann vorgekocht zu haben. Wenn der, pünktlich um sechs Uhr, nach Hause kam, nahm er sein Abendessen aus dem Kühlschrank, wärmte es auf, öffnete eine Flasche Bier und schlief dann später vor dem Fernseher ein. Ausnahmen von diesem abendlichen Zeremoniell kamen nicht vor.

Das wusste auch Gudrun, die Nachbarin, die das Paar seit Jahrzehnten kannte. Sie war bestens vertraut mit dessen Angewohnheiten, genauso wie mit ihren eigenen.

Immer ging nebenan um halb elf das Licht aus. Immer. Nur am Donnerstag brannte es länger, weil der Strohwitwer ohne Veronikas Fürsorge über den »Tagesthemen« einschlief.

So ein Rhythmus über Jahre hinweg schafft Vertrauen und Sicherheit. Umso schwerwiegender die Erschütterung, als Gudrun an einem Donnerstagabend um zehn einen Blick aus dem Fenster warf und das Nachbarhaus im Dunkeln liegen sah. Kein Licht. Nirgendwo.

Der Vorfall ließ ihr die ganze Woche über keine Ruhe. Um Klarheit zu erhalten, postierte sie sich am darauffolgenden Donnerstag hinter der Gardine und behielt das nachbarliche Anwesen im Auge.

Emil schloss wie immer pünktlich um sechs seine Haustür auf, was Gudrun sehr beruhigte. Doch dann hörte sie, eine halbe Stunde später, die Tür des Nachbarn ins Schloss fallen. Blitzschnell hechtete sie zu ihrem Ausguck und sah gerade noch, wie Emil im Sonntagsanzug und mit akkurat gezogenem Scheitel ins Auto stieg und davonfuhr.

Konnte es sein, dass dieser brave Mann sein so wunderbar geregeltes Leben wie ein Kartenhaus zusammenstürzen ließ?

Gudrun, eine Frau der Tat, musste diesem unerhörten Regelverstoß auf den Grund gehen.

Als sich der geschniegelte Emil auch am dritten Donnerstag in Folge davonmachte, stieg Gudrun in ihren betagten Golf und nahm die Verfolgung auf. Die Spur führte nach Dannenberg, wo die Amateurdetektivin auf höchst verräterische Indizien stieß.

Emil hatte seinen Wagen vor einer Gaststätte geparkt, und durch das erleuchtete Fenster konnte Gudrun sehen, dass er eine Dame begrüßte, die er gut zu kennen schien, und mit der er dann prompt im Hinterzimmer verschwand.

Gudrun blieb die Luft weg.

Eine Woche lang kämpfte die Schnüfflerin mit dem inneren Schweinehund, doch schließlich offenbarte sie Veronika den offensichtlichen Sündenfall ihres Gatten. Und deklarierte die Observierung als Nachbarschaftshilfe unter besonderer Berücksichtigung der weiblichen Solidarität.

Veronika wurde ganz blass – und stellte ihren Emil zur Rede.

Der wurde rot. Nicht aus Scham, sondern vor Zorn. Weil ihn die Nachbarin erstens unter einen absurden Seitensprungverdacht gestellt und ihm zweitens seine hart erarbeitete Überraschung verdorben hatte.

Denn Emil war zwar ein göttlicher Schrauber, doch mit Musikalität, Rhythmus- und Körpergefühl hatte er noch nie Punkte sammeln können. Galt er doch seit jeher als Tanzbodenschreck und Zehentreter. Selbst damals, bei seiner Hochzeit, hatte er beim Brautwalzer auf ganzer Linie versagt.

Dass sich die geladenen Gäste bogen vor Lachen, sollte ihm bei seiner Silberhochzeit nicht noch mal passieren. Also hatte er, um eine erneute Schmach abzuwenden, seine Schwester um Rat gebeten, die ihn mit Margot bekannt gemacht hatte. Der ehemaligen Leiterin der Tanzschule. Ein Hüftleiden hatte die Dame zwar vor Jahren schon aus dem Geschäft getrieben, aber für anderthalb Stunden Einzelunterricht einmal die Woche reichte es noch.

Veronika war zu Tränen gerührt, als sie die Geschichte hörte. Und der Walzer, den das Silberhochzeitspaar aufs Parkett legte, riss die Hochzeitsgesellschaft zu wahren Begeisterungsstürmen hin.

Nur die nachbarschaftlichen Beziehungen zwischen Gudrun, Veronika und Emil tanzen seitdem ein wenig aus der Reihe.

»Ich mag die Geschichte«, sage ich zum Mann, »hört sich an wie aus einer Hollywood-Romanze.«

»Ich habe das Gefühl«, meint der, »in Polkefitz gibt es viele filmreife Geschichten.«

Jäger-Willi

Menschen urteilen mit den Augen. Oder aus dem Bauch heraus. Ganz intuitiv. Viele wissenschaftliche Tests belegen: Es gehört zu unserer Natur, dass wir sekundenschnell entscheiden, ob uns jemand sympathisch ist. Oder eben nicht. Klassisches Beispiel: Mein erstes Zusammentreffen mit Jäger-Willi. Unser schönes neues Wochenend-Landleben hatte gerade erst begonnen. Ich erinnere mich noch sehr genau an den Abend, als Paul mit diesem plumpen Typen im Schlepptau in unsere Küche kam. Sein gesamtes Erscheinungsbild entsprach zu hundert Prozent meiner Vorstellung von einem schießwütigen Bambi-Killer.

Die Art, wie er dasaß, breitbeinig, in einer speckigen Lederweste, ein Glas Bier vor sich. Hände wie Klodeckel. Groß. Feist. Laut. Mit Bart, Stiernacken und Wampe. Mir war auf der Stelle klar: Ich kann ihn nicht leiden.

Dass er mich zudem an meine Schulzeit erinnerte, machte die Sache auch nicht besser. Er sah aus wie Heinrich VIII. auf der Abbildung in unserem Geschichtsbuch. Als wir damals die Tudors behandelten, empfand ich das Konterfei des englischen Monarchen immer als ganz besonders abstoßend. Ein prunksüchtiger, zu Völlerei und Mordlust neigender Tyrann und Weiberheld, der zwei seiner sechs Ehefrauen ohne lange zu fackeln einen Kopf kürzer gemacht hatte. Und natürlich war dieser blutrünstige Kerl nicht nur Frauenschlächter, sondern auch passionierter Jäger gewesen.

Jetzt saß König Blaubarts Zwilling, mein perfektes Feindbild, in unserer Küche und beanspruchte Gastfreundschaft. Eine echte Herausforderung. Ich hatte für Leute, die mit geladenen Flinten durchs Unterholz streichen, noch nie etwas übriggehabt. Die Heger und Pfleger der Tiere des Waldes. Dass ich nicht lache! Waren sie nicht alle bloß Lustmörder in grünem Loden, die ihre angebliche Liebe zur Natur dadurch ausdrückten, dass sie Fuchswelpen und Geweihträger abknallten?

Plötzlich wurde ich gezwungen, mich mit einem Thema zu beschäftigen, das mir verhasst war: Jagd. Jäger. Und alles, was damit zu tun hatte.

Von Paul wusste ich, dass unser Gast vor ein paar Jahren einen seiner Hunde beim Wildern erwischt und erschossen hatte. Ein Massenmörder saß bei uns am Tisch. Das Schlimme daran: Er war keine Ausnahmeerscheinung. Nur einer von vielen Jägern, mit denen wir Tür an Tür lebten. Sie gehören einfach zum Landleben dazu. Wie die Bremsen zum Hochsommer. Fast jeder erwachsene Mann in unserem Dorf hat einen Jagdschein in der Tasche. Die Weidmänner waren unsere geschätzten Nachbarn. Lauter liebenswerte Leute mit einem Arsenal scharfer Präzisionswaffen, die nicht nur zu Dekorationszwecken im Schrank standen. Ich hatte den Gedanken immer verdrängt, aber nun musste ich widerwillig zur Kenntnis nehmen: Mein Paradies war leider nicht schusssicher.

Als Willi mir freundlich zuprostete, fiel mir wieder die

Geschichte ein, die Erna mir kurz zuvor erzählt hatte. Bei Rehmann, ihrem Nachbarn von gegenüber, habe sich mal eins der Katzenbabys aufs Dach verirrt. Das arme Ding habe so herzzerreißend miaut, dass sie zum Kartoffelbauern rübergegangen sei und den Karl gebeten habe, »doch mal das Kätzchen vom Dach zu holen«. Da sei der ab in die Stube, habe zum Gewehr gegriffen, und – piff, paff, puff – noch ehe Erna wieder bei sich zu Hause war, lag das Samtpfötchen schon mit einer Kugel im Leib unten im Hof.

»So hatte ich das natürlich nicht gemeint«, hatte Erna noch etwas betreten hinzugefügt.

Jetzt saß Jäger-Willi neben uns und erzählte ungefragt aus seinem Weidmannsleben. Wie er und seine Jagd-Kumpel damals, zu DDR-Zeiten, mit den Wachhabenden der Nationalen Volksarmee über Mauern und Todesstreifen hinweg den kleinen Grenzverkehr übten.

»Wir haben den NVAlern Johnnie Walker Black Label und Ausgaben von ›Playboy‹ und ›Penthouse‹ hingelegt, und dafür durften wir drüben auf DDR-Gebiet Wildschweine schießen. Die haben uns sogar höchstpersönlich zu den besten Stellen gefahren. Wenn dat aufgeflogen wär, au weh, au weh. Dann wären wir aber abgewandert in den Bunker. Schwupp, schwupp, schwupp, atschö, auf Nimmerwiedersehen.«

Jäger-Willi redete mit Händen und Füßen und verfügte über einen erstaunlichen Fundus abenteuerlicher Geschichten, die sich in absurden Kapriolen um seine Annäherung an den real existierenden Sozialismus drehten. Ehrlich gesagt, hatten die leidenschaftlich vorgetragenen Jagdeskapaden aus dem Niemandsland hinter dem antikapitalistischen Schutzwall hohen Unterhaltungswert. Doch selbst der Mann an meiner Seite, der gute Unterhaltung zu schätzen weiß, hockte wortkarg wie selten daneben und stellte sich taub. Es war uns beiden anzusehen, dass wir große Mühe hatten, Haltung zu bewahren, bis der Ballermann endlich den Weg zur Tür fand.

»War keine so gute Idee von dir«, sagte ich vorwurfsvoll zu Paul.

Der setzte seine Unschuldsmiene auf.

»Was denn?«

»Na, ihn mitzubringen. Diesen Jäger-Willi.«

»Ach, weißt du, eigentlich ist er ein total netter Typ. Man muss ihn nur ein bisschen besser kennenlernen.«

Nett! Ein netter Killer! Mir entfuhr ein Stöhnen. Habe ich mir nicht immer einiges eingebildet auf meine Menschenkenntnis? Sollte ich diesmal wirklich so danebenliegen?

Ich sollte.

Zu meiner Entlastung möchte ich bemerken: Eine solch grobe Fehleinschätzung ist mir selten passiert. Manchmal stimmt eben doch der Satz von Saint-Exupéry: Man sieht nur mit dem Herzen gut, die Wahrheit ist für die Augen unsichtbar. Doch meine Vorurteile gegenüber Jägern saßen so tief, dass ich ein paar Monate brauchte, bis ich den wahren Willi erkannte und ihm die Tür zu meinem Herzen öffnen konnte. Heute sitzt er dort auf einem Ehrenplatz. Und nicht einmal ein erschossener Rehbock wird ihn jemals wieder vertreiben können.

Alle mögen ihn, diesen 60-jährigen lebenslustigen Koloss mit kindlichem Gemüt. Warum? Weil er ist, wie er ist.

Unverwechselbar. Kein Vorzeigemann, sondern ein liebenswertes Mängelexemplar. Gradlinig, großzügig und gesellig. Ein Typ mit Charakter, großen Emotionen und großer Klappe. Ein kauziger Falstaff, ein Geschichtenerzähler und Genussmensch, der herzhaft über die eigenen Unzulänglichkeiten lachen kann. Selbst dann noch, wenn es mal nicht so gut läuft in seinem Leben und er bis zum Hals in Schwierigkeiten steckt. Weil die Frau ihn verlassen hat, sein Baugeschäft von der Krise geschüttelt wird, das Finanzamt unerhörte Forderungen stellt oder ein anonymer Blockwart ihn bei der Kreisverwaltung wegen Verdachts auf Schwarzgastronomie anzeigt.

Der kuriose Fall um Jäger-Willis Flüsterkneipe macht im Dorf sofort die Runde, sorgt wenig später für Schlagzeilen in der Lokalpresse und liest sich wie eine Drehbuchidee für die einst legendäre Fernsehserie »Das Königlich Bayerische Amtsgericht«. Nur dass der Kasus eben jenseits des Weißwurst-Äquators verhandelt wurde.

Als wir am Abend des Prozesstages »Das Alte Haus« betreten, sehen wir den Beschuldigten im Kreise seiner Kumpel am Stammtisch im Raucherstübchen sitzen. »Hier«, freudestrahlend winkt er uns heran und wedelt mit der Urteilsbegründung, »wir haben gewonnen.« Und dann erfahren wir von Willi die gesamte süffige Geschichte aus erster Hand.

Und die geht so: Seit gut zwanzig Jahren treffen sich ein Dutzend Jäger und deren Freunde und Bekannte regelmäßig zum Frühstücksstammtisch in der Bahnhofsgaststätte von Lüchow. Weil ein Bildungsträger den Ort als Lehrküche nutzen will, wird das Lokal von einem Tag auf den anderen dichtgemacht. Da bietet ein

Freund, Hausmeister der Überseefunkempfangsstelle bei Woltersdorf, den Heimatlosen seine Werkstatt als Zufluchtsort an. Nach Rücksprache mit dem Grundeigentümer, der nichts dagegen hat, den traditionellen Klönschnack unter seinem Dach fortzuführen. Zur Ausstattung des Ausweichquartiers gehören ein Herd, mehrere Kühlschränke, vier Tische und ein paar Stühle. Eine Bekannte der Stammtischbrüder kocht Kaffee, schmiert Brötchen und sorgt mit dem Geld aus der bereitstehenden Gemeinschaftskasse für Nachschub.

»Und dann, stell dir vor«, Willi zieht an seiner Zigarre und pafft ein paar Rauchkringel in die Luft, »geht da eines Morgens die Tür auf, und zwei junge, hübsche Mädels kommen rein. Spaziergängerinnen aus der Nähe von Ludwigslust, so hamse sich vorgestellt. Dat man hier frühstücken kann, hätten se gehört. Jau, ham wer gesagt, setzt euch. Nett, wie die waren. Und ob se auch en Gläschen Sekt haben könnten. Für sone wie euch, ham wer gesagt, gibt's auch nen Sekt. Als se dat dann alles bezahlen wollten, ham wer gesagt, legt sieben fünfzig in die Kasse, dann isset gut. Und dann, wat sach ich euch, ham die telefoniert, mit ihrm Handy. Tür geht auf und kommt da son Typ rein. Hauptkontrolleur. Saß die ganze Zeit draußen vorm Gelände in seinem Auto und hat gewartet. Sächt der zu uns: Sie betreiben hier ein Gastgewerbe ohne Erlaubnis. Geldbuße, droht der. Dat wird teuer für Sie. Nee, so wat auch. Ich glaub, ich werd verrückt.«

Willi schenkt uns über den Rand seines Bierglases hinweg ein breites Siegergrinsen und schaut vergnügt einem besonders gelungenen Rauchkringel hinterher.

»Aber damit sind se nicht durchgekommen. Die Richterin, so ne Tolle, war voll auf unserer Seite. Hier, ich hab dat schwarz auf weiß«, er fährt mit seinen Pratzen über die Zeilen und trägt mit polternder Stimme vor, »›dass es sich bei der verdeckten Ermittlung mit dem Anstiften zum Sektausschank um eine unzulässige Tatprovokation gehandelt hat‹.«

Triumphierend blickt er in die Runde und donnert: »Siehste, rechtswidrig war dat! Dat hat sogar der Europäische Gerichtshof für Menschenrechte entschieden, dat in so einem Fall die Beweise nicht verwertet werden dürfen.«

Auch für den Vorwurf, die Frühstücksrunde habe gegen die Lebensmittel-Hygienevorschriften verstoßen, sah die Richterin offenbar keine stichhaltigen Beweise. Schließlich hätten die beiden heimlichen Gastronomie-Agentinnen selbst von den Brötchen gegessen, die in dieser angeblich so ekelerregenden Umgebung geschmiert worden seien.

Das Ende der Provinzposse: Freispruch für die Frühstückskneipiers. Die Kosten des Verfahrens gehen zu Lasten der Staatskasse, der Fachdienstleiter Verbraucherschutz des Landkreises hat die Blamage zu tragen, und der anonyme Verursacher der verdeckten Ermittlung dürfte an der Gewissheit zu kauen haben, dass seine gezielte Provokation des Amtsschimmels nicht das erwünschte Resultat gebracht hat.

»Ich glaub, der anonyme Lump, ich weiß, wer dat war«, sagt Willi plötzlich. Wir schauen ihn neugierig an, aber er lacht nur. Laut und so heftig, dass man sich fragt, wie lange die Knöpfe seiner Lederweste dem Auf und Nieder des Brustkorbs noch standhalten werden. »Ich weiß dat ganz genau, au weh, au weh!«

Aber er, ganz Ehrenmann, behält seinen Verdacht für sich. Wir stoßen an. Auf den Freispruch. Auf Jäger-Willi und seine Kumpel, die das gesparte Bußgeld in Höhe von 300 Euro nun in Kaffee-, Brötchen- und Sekt-Vorräte investieren können. Und dann schwören sich alle, den weiblichen Überraschungsgästen zukünftig mit einer gesunden Portion Misstrauen zu begegnen.

»Vielleicht sollte ich auch den Jagdschein machen.« Der Mann an meiner Seite ist in das Lokalblatt vertieft und zitiert die Überschrift eines Artikels: »Viele Hirsche sind der Bäume Tod«. Er faselt über Wildschäden, Verbiss an jungen Bäumen und rasant ansteigende Zahlen von Rot-, Dam- und Rehwild. Und darüber, dass Rot- und Schwarzwild die Aufsteiger des Jahres seien. Dann blickt er hoch und meint provozierend: »Hier steht's, die Anzahl der Damen ist viel zu hoch. Zu viele Weiber auf einem Haufen – ganz klar, ist einfach schlecht für die Umwelt, so was.«

»Vergiss es! Kein Wort mehr über diese elende Jägerei!« Meine Reaktion fällt übertrieben heftig aus, obwohl ich weiß, dass er in Wirklichkeit keinerlei Jagdambitionen besitzt. Es hat mit mir zu tun. Wer trennt sich schon gern leichten Herzens von seinen jahrelang gehegten Überzeugungen? Doch selbst mir ist inzwischen aufgegangen, dass der Abschuss von Tieren ein komplexes Thema ist, das sich nicht nur aus meiner sentimentalen Perspektive heraus betrachten lässt. Am meisten macht mir zu schaffen, dass mein leidenschaftlich gepflegtes Vorurteil gegen die Flintenträger nun durch die gemeine Überpopulation von Bachen und Ricken in sich zusammenfällt.

Dass die Wälder hier voller Leben sind, ist auch mir nicht entgangen. Alle paar Kilometer verweisen rote Holzdreiecke am Straßenrand auf einen Wildunfall. Für die Hälfte aller Karambolagen sind querende Wildtiere verantwortlich. Den Hund draußen im Wald von der Leine zu lassen ist praktisch unmöglich. Bei jedem Spaziergang stolpern wir geradezu über Hasen, Rehe, Waschbären, Füchse. Die explosionsartige Vermehrung von Wildschweinen ist allerdings hausgemacht. Da immer mehr Bauern auf ihren Feldern Mais anbauen, den sie zu lukrativen Preisen an die Betreiber der Biogasanlagen verkaufen, fühlen sich die Schwarzkittel wie im Schlaraffenland. Und ein reichgedeckter Tisch stimuliert zudem die Libido. Jede satte Wildsau – eine Gebärmaschine.

Wenn man jetzt die ungeheuerliche Anzahl von Hochsitzen und Jagdhütten in Beziehung setzt zum Wildreichtum, kommt man zwangsläufig zu dem Schluss, dass es ganz offensichtlich viele Jäger gibt, aber wenige, die Lust haben zu schießen.

Und ich frage mich nun manchmal: Was machen die eigentlich da draußen, allein im Wald?

»Warten«, sagt Jäger-Willi auf meine Nachfrage. »Und gucken. Da draußen haste deine Ruhe. Wat gibt es Schöneres.«

Stimmungswandel

Spätherbst. Es riecht nach Erde und feuchtem Laub. Nebelschwaden hängen als milchige Wand rund einen Meter über den abgeernteten Stoppelfeldern. Sieht aus wie ein Zaubertrick. Nur schemenhaft sind die einzelnen Reisegruppen im Dunst erkennbar. Doch die Lautstärke, in der sie untereinander kommunizieren, das aufgeregte Durcheinander der Stimmen lässt keinen Zweifel zu: Es ist wieder so weit. Die letzten Schwärme von Wildgänsen, Schwänen und Kranichen sind startklar. Folgen den Schwalben, die sich bereits Ende des Sommers davongemacht haben. Nichts wie weg hier. Ab in den Süden. Der Wärme, der Nahrung, der Sonne hinterher.

Die Abreise der Zugvögel versetzt mich in eine wehmütige Stimmung. Vergleichbar mit dem Gefühl, das mich regelmäßig überfällt, wenn ich Freunde zum Flughafen fahre und ihnen noch einmal nachwinke, bevor sie hinter der Eingangssperre verschwinden. Dann werfe ich einen sehnsüchtigen Blick auf die große Digitaltafel, lese Mumbai, Male, Singapur, Kuala Lumpur, Buenos Aires. Namen, die wie Verheißungen klingen. Startlöcher ins Abenteuer. Mir bleibt der Weg zum Ticketautomaten, um den überteuerten Parkschein zu bezahlen. Auf der Heimfahrt denke ich an die langen nasskalten, trüben

Monate, die nun vor mir liegen. Es fällt schwer, zu bleiben und den Zugvögeln nachzuschauen.

Wohin reisen unsere gefiederten Sommergäste? Werden sie über die Alpen fliegen? Übers Mittelmeer? Nach Afrika?

In Polkefitz machen sich nicht nur die Zugvögel reisefertig. Auch Sonja und Fritz sitzen auf gepackten Koffern. Zwei Profi-Traveller, die dem Winter im Wendland nichts abgewinnen können. Fast sein gesamtes Arbeitsleben verbrachte Fritz als Vermessungsingenieur auf Großbaustellen rund um den Globus. Fernost, Nord- und Südamerika, Afrika. Er war im Planungsstab, wenn Brücken gebaut wurden, Staudämme, Zugtrassen, Straßen durch Urwälder und Wüsten. Immer an seiner Seite: Sonja. Eine Frau zum Pferdestehlen. Eine, die nicht hysterisch wird, wenn sie von einer Giftspinne in den Allerwertesten gebissen wird. Eine, die auch dann noch cool bleibt, wenn Parasiten in Wurmform den Weg durch die Haut ins Freie suchen. Sonja ist durch und durch pragmatisch. Kein Tropensturm, kein Stromausfall, keine nächtliche Reifenpanne im nigerianischen Nirgendwo, einfach nichts ruiniert ihr das Nervenkostüm.

Als die erste Made aus ihrer Wade kroch, empfahl der einzige Arzt weit und breit – ein Tierarzt –, den Schmarotzer um ein Stöckchen zu wickeln und ihn dann mit vorsichtigen Umdrehungen ganz langsam rauszuziehen. Sonja tat, wie ihr geheißen.

Normalerweise halte ich nicht viel von solchen Spinne-in-der-Yucca-Palme-Alptraumgeschichten. Aber die burschikose Sonja ist einfach nicht der Typ, Gruselstorys zu erfinden.

Wie nebenbei, ohne großes Tamtam, erzählt sie, wie es war. Und fertig. Dann schaut sie mich an und wundert sich über meinen gequälten Gesichtsausdruck.

»Hilft ja nix«, sagt sie völlig unbeeindruckt und zuckt die Schultern, »wenn du in einem Dschungelcamp in Sri Lanka sitzt, musst du halt ein bisschen improvisieren.« Sie nickt mir aufmunternd zu. »Dat geht alles. Muss ja!«

Dieses Jahr werden die Weltenbummler aus dem Wendland zuerst nach Laos fahren, dann nach Kambodscha. Im Norden von Thailand warten Freunde auf ihren Besuch. Über Bangkok geht's dann weiter nach Ko Samui, wo sie die letzten zwei Monate in einem Bungalow am Strand verbringen werden, bevor sie im nächsten Frühjahr, gemeinsam mit den Kranichen, wieder nach Polkefitz zurückkehren. Beneidenswert.

Und was machen wir? Wir schauen zu, wie nach und nach das Laub von den Bäumen trudelt, harken die Blätter immer wieder neu vom Gras und von den Beeten. Wir stapfen in Gummistiefeln und Regenjacken durch die steingraue Nebellandschaft. Orkanböen wehen uns die Haare ins Gesicht, und düstere Wolkendecken zwingen uns dazu, schon mittags das Licht anzumachen. Ich vertraue auf Jäger-Willis Medizin und versuche, mit Wildschweinragout in Wacholdersahne gegen die aufkommende Novemberdepression anzukochen. Wir zünden den Kaminofen an, schauen stundenlang den züngelnden Flammen zu und kraulen den Hund, der auch nur noch rauswill, wenn er muss.

»Wir sind ein klassisches Beispiel für Homing«, sage ich zum Stubenhocker an meiner Seite.

»Was soll das denn sein?«

»Ein neuer Trend.«

»Sagt wer?«

»Sagt ein Trendforscher-Professor, der die Wohnung als wichtigstes Naherholungszentrum ausgemacht hat. Kuscheliges Abschotten in den eigenen vier Wänden ist angesagt. Früher hieß das Cocooning.«

»Muss man Professor sein, um solche Binsenweisheiten zu verzapfen? Noch früher hieß das übrigens: Gut, dass die Häuser innen hohl sind. Das sagte mein Opa immer. Bei Sauwetter.«

Nur sind wir leider nicht die Einzigen, die Wohnkomfort mit allen Schikanen zu schätzen wissen. Wenn's draußen nass und kalt wird, suchen auch ungebetene Gäste ein warmes, gemütliches Plätzchen.

Ganz ehrlich: Ich habe nichts gegen Mäuse. Im Allgemeinen. Ich stoße auch keine hysterischen Schreie aus, wenn ich eine sehe. Eine. Aber wenn ganze Großfamilien über den Fußboden huschen, sich über unsere Vorräte hermachen und ihre Verdauungsspuren in und auf Schränken und Tischen hinterlassen, ist meine Toleranzgrenze eindeutig überschritten. Dann erwacht mein Killerinstinkt.

»Ich habe dir schon mal gesagt, dass Mäuse zum Landleben einfach dazugehören«, versucht der Mann an meiner Seite meine Mordlust einzudämmen, »außerdem liegen hier überall Walnüsse zum Trocknen rum. Da ist es doch ganz normal, dass wir Mäuse haben.«

»Normal wäre es«, kontere ich, »wenn du etwas dagegen unternehmen würdest«, und lasse eine angenagte Wildsalami vor seiner Nase baumeln.

»Wieso ich?«, entgegnet der Mäusefreund, »du hast doch ein Problem mit den Tierchen.«

»Aber du willst Salami aufs Brot!«

Wie die Nager an die Wurst gekommen sind, ist mir schleierhaft. Denn sie hing mit einer Schnur gesichert an einem Haken, der unter einem Regalbrett angebracht war. Eigentlich unmöglich, da dranzukommen. Doch unsere Untermieter scheinen über erstaunlich akrobatische Fähigkeiten zu verfügen. Und über eine Dreistigkeit, die mir den Atem raubt.

Ganz trendgemäß hatten wir Freunde zum ländlichen Wochenend-Homing mit Rotwein und Wildbret eingeladen. Als wir am nächsten Morgen gemeinsam beim Frühstück sitzen, ist plötzlich ein leises Rascheln zu hören. Auf der Suche nach der Geräuschquelle wandern meine Augen durch die Küche und bleiben an einer Papiertüte haften, die in einer Schale auf der Anrichte steht. Die Tüte, in der noch ein paar Brötchen liegen, bewegt sich. Angeekelt packe ich den Beutel samt Inhalt und lasse die Maus im Freien weiterfrühstücken.

»Jetzt ist Schluss mit der friedlichen Koexistenz.« Ich feuere dem Mann ein paar wild entschlossene Blicke entgegen.

»Vielleicht findest du das normal – ich nicht!«

Unsere Freunde aus der Großstadt sind, leicht verstört, auf meiner Seite.

Ich renne ins Nachbarhaus, um Paul mein Leid zu klagen. Doch der grinst nur und drückt mir eine Plastiktüte in die Hand. Ein flaues Gefühl macht sich in meiner Magengegend breit, als ich mit einem guten Dutzend Mausefallen wieder abziehe. Ich höre noch, wie er mir »Zieh Handschuhe an, wenn du sie scharf machst!« und »Pass auf deine Finger auf!« hinterherruft.

Als die Gäste weg sind, soll alles für die Mehrfachmorde vorbereitet werden. Ausgerechnet jetzt muss ich an die vielen entzückenden, gewitzten, liebenswerten Zeichentrickmäuse denken. Mit einem mulmigen Gefühl betrachte ich die Tatwaffen.

»Ich habe so was noch nie gemacht«, jammere ich so lange, bis ich den Mann zur Mittäterschaft bewegen kann.

»Männer sind Jäger. Und deshalb ist Mäusefang eindeutig Männersache.«

Er sagt nichts, hantiert jedoch so geschickt mit den Mordwerkzeugen, als habe er sein bisheriges Leben als Fallensteller verbracht. Am Ende gleicht unsere Küche einem Todesstreifen. Und ich bin froh, dass ich in unsere garantiert mäusefreie Stadtwohnung zurückkehren darf.

Am folgenden Wochenende weigere ich mich, das Schlachtfeld zu betreten, und schicke den Mäusekiller vor, um etwaige Mordopfer zu entsorgen.

Ja doch! Ich bin feige, da gibt es gar nichts schönzureden. Als er kurz darauf Entwarnung gibt, weiß ich nicht, ob ich enttäuscht oder erleichtert sein soll. Nicht eine einzige Maus ist in die Falle getappt. Es bleibt, vorerst, beim versuchten Mord.

»Aber es fehlen zwei Köder«, sagt der Fallensteller respektvoll, »wirklich erstaunlich.«

Unsere Mitbewohner scheinen nicht nur dreist, sondern auch superschlau zu sein. Echte Überlebenskünstler.

Aber irgendwann kriegen wir euch, denke ich insgeheim. Und schäme mich ein bisschen dafür.

Der November ist, nicht nur wegen der tierischen Hausbesetzer, ein trister, unangenehmer Monat. Doch die größte Herausforderung steht mir noch bevor: der Dezember. Ihn mit Gelassenheit und Haltung zu überstehen gehört zu meinen Glanzleistungen. Denn wenn normale Menschen die erste Kerze an ihrem Adventskranz anzünden und es sich bei Punsch und Gebäck gemütlich machen, beginnt für mich die härteste Zeit des Jahres. Das Leben an der Seite eines militanten Weihnachtsmuffels. Bereits der Anblick von Schoko-Nikoläusen, Rauschgoldengeln und Tannengrün genügt, um seine Halsschlagader zum Anschwellen zu bringen. Großes Theater, nur weil ich es gewagt habe, Eierwärmer mit Sternchen-Aufdruck in unseren Haushalt zu mogeln.

Seit Jahren liegt meine Weihnachtsdeko gut verpackt in ihrem Versteck: in der Abstellkammer! Nicht einmal für die niedlichen kleinen Holzengel aus dem Erzgebirge konnte ich bislang eine Aufhebung des Hausverbots durchsetzen. Der Mann an meiner Seite empfindet alles, was mit Weihnachten zu tun hat, als Zumutung.

»Ist doch alles nur Ringelpiez für den Einzelhandel«, ätzt er, »nix als PR-Geklingel, eiskalte Vermarktung mit Event-Charakter. Und überall dieses nervtötende ›I am dreaming of a white Christmas‹-Gedudel. Schrecklich!«

Wir schenken uns nichts. Statt verträumt ins warme Kerzenlicht zu schauen, streiten wir über Sinn und Unsinn vorweihnachtlicher Gepflogenheiten in der christlichen Welt.

»Wäre ich Muslim«, grollt er und entwickelt eine eindrucksvolle Zornesfalte über der Nasenwurzel, »würde ich die Christen zutiefst verachten, wenn ich sehen würde, wie die ihr hochheiliges Fest verramschen.«

Wir harken uns noch ein bisschen darüber, was Lichterketten und Lebkuchenherzen mit der Geburt in Bethlehem zu tun haben – und über den heidnischen Ursprung des Tannenbaums. Doch irgendwann gebe ich auf und lasse ihn die Flucht vor dem Heiligen Abend planen. Vorzugsweise in irgendwelche Wellnesshotels in christbaumarmen Ostgebieten.

»Ist auch eine Art Ritual, das Weihnachtsfest im Bademantel am Beckenrand eines Swimmingpools zu verbringen«, lautet mein matter Kommentar. Dann fahren wir.

Woraus sich allerdings ein anderes Problem ergibt. Denn wir sind keineswegs die einzigen Heiligabend-Flüchter. Ganze Familienverbände zieht es laut lärmend mit Kind und Kegel in Sauna- und Poollandschaften statt unter den Tannenbaum.

Noch heute denke ich mit leisem Grauen an das weihnachtliche Rudelbaden in Halberstadt, in einer Hotelvilla direkt neben einer Wurstfabrik mit Blick auf einen hübschen Schrottplatz vis-à-vis. Der Mann hatte zuvor irgendwas von Mittelalter-Romantik geraunt, vom Tor zum Harz, von Märchenlandschaft und Heinrich Heine. Der Ausflug entpuppte sich als echter Horrortrip. Und brachte die Wende.

In diesem Jahr heißt die Devise: Keine Experimente!

Zum ersten Mal nach vielen Jahren – Weihnachten zu Hause. Auf dem Land. In unserem Haus, in unserem Dorf, bei unseren Nachbarn. Ich darf die Deko aus der Abstellkammer befreien, Vanillekipferl backen und nach Lust und Laune heidnisches Tannengrün und Mistelzweige im Haus verteilen.

Als wir über die verschneite Landstraße Richtung Polkefitz zuckeln, spüre ich Vorfreude auf die Festtage.

»Wir werden den Heiligen Abend in einer Jagdhütte

im Wald verbringen«, sage ich zum Mann am Steuer, der gerade ansetzt, einen Traktor zu überholen.

Er schweigt und starrt konzentriert auf die Straße.

»Wir nehmen Glühwein mit und Plätzchen und machen ein Feuer an. Paul hat schon alles organisiert. Die Kinder und Enkel sind natürlich auch dabei. Und die Hunde. Ich glaube, das wird schöner als Strandurlaub in Thailand mit chinesischen Akrobaten und besoffenen Russen. Meinst du nicht?«

Er schaut kurz rüber zu mir.

»Ich kann's kaum erwarten.«

Und es klingt fast so, als meinte er es ernst.

Es wird die stillste stille Nacht, die ich je erlebt habe. Wir sitzen auf grobgezimmerten Holzbänken in der Blockhütte im Wald um die Feuerstelle, lauschen in die Dunkelheit und hören – nichts. Oder fast nichts. Nur das Knacken der Birkenscheite, die in die Glut fallen. Manchmal raschelt es ganz leise. Irgendwo im Gebüsch. Dann schlagen die Hunde an. Kurz darauf kehrt wieder Ruhe ein. Selbst die Kinder scheinen die Abwesenheit von Lärm zu genießen. Sie reden, wenn überhaupt, nur im Flüsterton. Es hat etwas Magisches, fast Meditatives, mitten im Wald zu sein und seine Sinne zu schärfen für kaum wahrnehmbare Geräusche wie das Rieseln des Schnees, der auf die Zweige fällt. Nach zwei Stunden machen wir uns auf den Heimweg.

Zurück in der häuslichen Weihnachtsdeko, mit Blick auf den Gänsebraten im Backofen, brummelt der Festverweigerer an meiner Seite: »So kann sogar ich das aushalten.«

Als wir in der Silvesternacht im Kreise unserer Nachbarn auf dem verschneiten Dorfplatz stehen, um mit ein paar Knallfröschen und Raketen das neue Jahr zu begrüßen, lasse ich die vergangenen Monate noch einmal Revue passieren. Und komme zu dem Schluss: Ich habe viel gelernt in Polkefitz. Ich kann mit bloßer Hand Zecken aus dem Hund drehen, ohne dass der Kopf stecken bleibt. Ich schaffe es, ruhig zu bleiben, wenn sich beim Duschen über mir eine Spinne abseilt. Ich bin in der Lage, die merkwürdigsten Pflanzenzüchtungen zu einer schmackhaften Mahlzeit zu verarbeiten. Ich kann Jäger akzeptieren und Fleisch von Tieren essen, die ich kenne.

Doch das Wichtigste: Ich habe das Gefühl, nach einer langen Reise zu Hause angekommen zu sein.

Der Jahreswechsel mit all diesen ritualisierten, gestelzten Gepflogenheiten war mir immer ein Gräuel. Aber hier, im Zentrum von Polkefitz, ist die Nacht voller Versprechungen. Auf in die nächste Runde. Alles auf Anfang. Alles neu und doch vertraut. Noch mal Frühling, Sommer, Herbst und Winter – ich freue mich drauf.